彩图 1　草莓露地育苗

彩图 2　培育健壮草莓母株

彩图 3　露地育苗中耕除草

彩图 4　避雨基质育苗

彩图 5　自动开关风口装置

彩图 6　土壤消毒前将秸秆粉碎并旋耕土地

彩图 7　太阳能石灰氮消毒（双膜覆盖）

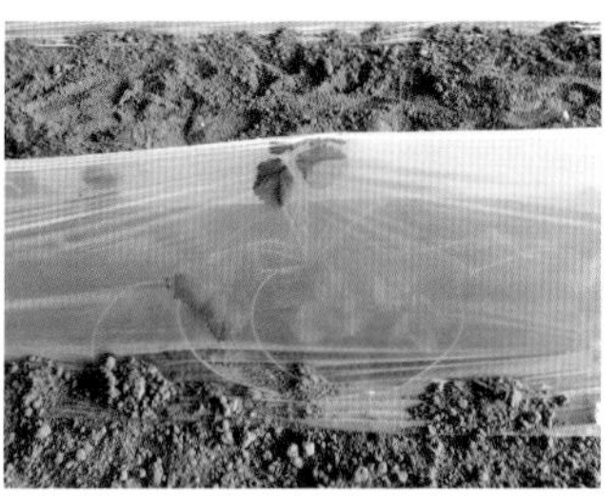

彩图 8　棚温非常低时要对母株进行覆膜保温

彩图 9　用遮阳网对育苗棚进行内遮阳

彩图 10　避雨育苗大棚用遮阳网支架进行外遮阳

彩图 11　用专业遮阳降温涂料利索喷涂棚膜进行遮阳降温

彩图 12　应及时去除草莓母株花序

彩图 13　用基质槽承接子苗时引茎压苗的方法

彩图 14　避雨育苗床草莓育苗

彩图 15　A 形高架育苗

彩图16　“A”形架草莓育苗

彩图 17　营养钵扦插育苗

彩图 18　草莓母株上的蚜虫

彩图 19　草莓病毒病症状

彩图 20　营养钵假植

彩图 21　基质圃假植

彩图 22　水肥一体化系统

彩图 23　旋耕

彩图 24　滴灌带（管）进水口远端长度超出畦面

彩图 25　遮阳网

彩图 26　种苗消毒

彩图 27　定植草莓

彩图 28　新叶叶缘吐水

彩图 29　草莓红中柱根腐病

彩图 30　在缺苗处周围选择健壮植株留匍匐茎进行补苗

彩图 31　草莓温室扣棚保温

彩图 32　铺设地膜

彩图 33　放置蜂箱进行蜜蜂授粉

彩图 34　悬挂补光灯

彩图 35　悬挂二氧化碳气肥袋

彩图 36　在温室中悬挂黄板和蓝板

彩图 37　生产后期喷涂稀泥子遮阳降温

彩图 38　悬挂硫黄罐进行熏蒸

彩图 39　传统土壤栽培

彩图 40　草莓 H 形高架基质栽培模式

彩图 41　草莓 H 形高架
基质栽培模式消毒

彩图 42　后墙管道栽培

彩图 43　简单的 A 形高架
基质栽培模式

彩图 44　柱式栽培模式

彩图 45　草莓半基质栽培模式

彩图 46　半基质栽培槽安装完成

彩图 47　草莓半基质栽培槽内覆膜

彩图 48　草莓半基质栽培模式消毒

彩图 49　缺铁症初期表现

彩图 50　缺铁症中期表现

彩图 51　缺铁症末期表现

彩图 52　缺钙症初期表现

彩图 53　缺钙症中期表现

彩图 54　缺钙症果实表现

彩图 55　缺硼症的表现

彩图 56　草莓叶片感染白粉病

彩图 57　草莓果实感染白粉病

彩图 58　草莓果实感染灰霉病

彩图 59　感染红中柱根腐病的草莓新茎

彩图 60　红蜘蛛为害后的草莓叶片

彩图 61　蓟马为害后的草莓叶片

彩图 62　蓟马为害后的草莓果实

彩图 63　菜青虫为害后的草莓叶片

彩图 64　草莓遭受蚜虫为害

棚室草莓高效栽培

主　编　路　河

副主编　周明源　王娅亚　金艳杰　肖书伶

参　编　王尚军　杨明宇　胡　博　李明博

邢广青　刘红梅　张　帆

机　械　工　业　出　版　社

本书以目前栽培最为广泛、品质最好的红颜品种为例，从草莓棚室栽培的生产实际入手，在近几年草莓棚室栽培实践经验的基础上，结合部分文献资料，详述了草莓的生物学特性、对土壤环境的要求、促成栽培常用的优质品种及特性、育苗技术、栽培管理、无土栽培模式、常见病虫害及其防治等与草莓棚室栽培密切相关的各个方面，突出各个环节的管理方法以及遇到各种问题时的处理小技巧。本书设有“提示”“注意”等小栏目，可以让读者更好地掌握棚室草莓栽培的技术要点。

本书可供广大草莓种植户、相关技术人员使用，也可供农林院校相关专业的师生阅读参考。

图书在版编目（CIP）数据

棚室草莓高效栽培/路河主编．—北京：机械工业出版社，2018.2（2023.2 重印）

（高效种植致富直通车）

ISBN 978-7-111-58778-1

Ⅰ.①棚…　Ⅱ.①路…　Ⅲ.①草莓－温室栽培　Ⅳ.①S628.5

中国版本图书馆 CIP 数据核字（2017）第 317870 号

机械工业出版社（北京市百万庄大街 22 号　邮政编码 100037）

总 策 划：李俊玲　张敬柱　策划编辑：高　伟　郎　峰

责任编辑：高　伟　郎　峰　陈　洁

责任校对：张　力　责任印制：张　博

保定市中画美凯印刷有限公司印刷

2023 年 2 月第 1 版第 8 次印刷

140mm×203mm · 7.375 印张 · 4 插页 · 203 千字

标准书号：ISBN 978-7-111-58778-1

定价：29.80 元

凡购本书，如有缺页、倒页、脱页，由本社发行部调换

电话服务　　　　　　　　　　　　网络服务

服务咨询热线：010-88361066　　机 工 官 网：www.cmpbook.com

读者购书热线：010-68326294　　机 工 官 博：weibo.com/cmp1952

　　　　　　　010-88379203　　金　书　网：www.golden-book.com

教育服务网：www.cmpedu.com

高效种植致富直通车
编审委员会

序

园艺产业包括蔬菜、果树、花卉和茶等，经多年发展，园艺产业已经成为我国很多地区的农业支柱产业，形成了具有地方特色的果蔬优势产区，园艺种植的发展为农民增收致富和“三农”问题的解决做出了重要贡献。园艺产业基本属于高投入、高产出、技术含量相对较高的产业，农民在实际生产中经常在新品种引进和选择、设施建设、栽培和管理、病虫害防治及产品市场发展趋势预测等诸多方面存在困惑。要实现园艺生产的高产高效，并尽可能地减少农药、化肥施用量以保障产品食用安全和生产环境的健康离不开科技的支撑。

根据目前农村果蔬产业的生产现状和实际需求，机械工业出版社坚持高起点、高质量、高标准的原则，组织全国20多家农业科研院所中理论和实践经验丰富的教师、科研人员及一线技术人员编写了“高效种植致富直通车”丛书。该丛书以蔬菜、果树等的高效种植为基本点，全面介绍了主要果蔬的高效栽培技术、棚室果蔬高效栽培技术和病虫害诊断与防治技术、果树整形修剪技术、农村经济作物栽培技术等，基本涵盖了主要的果蔬作物类型，内容全面，突出实用性，可操作性、指导性强。

整套图书力避大段晦涩文字的说教，编写形式新颖，采取图、表、文结合的方式，穿插重点、难点、窍门或提示等小栏目。此外，为提高技术的可借鉴性，部分书中配有果蔬优势产区种植能手的实例介绍，以便于种植者之间的交流和学习。

丛书针对性强，适合农村种植业者、农业技术人员和院校相关专业师生阅读参考。希望本套丛书能为农村果蔬产业科技进步和产业发展做出贡献，同时也恳请读者对书中的不当和错误之处提出宝贵意见，以便补正。

中国农业大学农学与生物技术学院

前　言

草莓是世界公认的营养保健型草本高档水果，富含氨基酸、单糖、柠檬酸、苹果酸、果胶、多种维生素及钙、镁、磷、铁等矿质元素，对人体的生长发育具有很好的促进作用。同时，草莓还具有很高的药用价值，具有清热解毒、生津止渴、健脾和胃等功效。

近几年，科技工作者不断努力，在引进国外优良品种、种苗繁育、栽培管理、病虫害防治、储藏保鲜及深加工等方面取得了很多成果。草莓产业以其高效益在设施农业中异军突起，但草莓作为节日经济产品，不仅要求内在品质上乘，外观赏心悦目，而且产品上市时间也要把握准确。草莓以鲜食为主，不耐存放，成熟后要及时上市销售，但错过最佳上市时间，会严重影响草莓的经济效益。

本书从草莓栽培的生产实际入手，根据北京市昌平区的气候特点，在近几年草莓棚室栽培实践经验的基础上，结合部分文献资料，从生产的特点、栽培管理、种苗繁育、病虫害防治等方面进行归纳整理，并以目前栽培最为广泛、品质最好的红颜品种为例，以良好农业操作规范为准则，编写而成。本书特别强调，在控制草莓上市时间上最关键的技术就是调控草莓“两头”，即草莓现蕾前期和果实转色期，方法以控制温度为主，植株生长健壮的在开花期和果实膨大期应杜绝低温，否则很容易造成畸形果增多；植株生长较小的要适当提高温度以加快草莓生长。

需要特别说明的是，本书所用药物及其使用剂量仅供读者参考，不可照搬。在实际生产中，所用药物学名、常用名与实际商品名称有差异，药物浓度也有所不同，建议读者在使用每一种药物之前，参阅厂家提供的产品说明书，科学使用。

本书在编写过程中参考了部分文献资料及专家同行的研究成果，在此表示真诚的感谢。由于本书是根据北京当地的草莓生产实践经验编写的，有局限性，难免会出现不足，恳请读者批评指正。

编　者

目 录

第五章 草莓育苗技术

第六章 棚室草莓栽培管理

第七章 无土栽培模式

第八章 草莓常见病虫害及其防治

附录

参考文献

第一章 概述

一 我国及世界草莓生产现状

草莓是世界公认的营养保健型草本高档水果，富含氨基酸、单糖、柠檬酸、苹果酸、果胶、多种维生素及钙、镁、磷、铁等矿质元素，这些成分对人体的生长发育具有很好的促进作用。同时，草莓还具有很高的药用价值。医学认为它具有清热解毒、生津止渴、健脾和胃、润喉益肺及补血益气的功效。

1. 国内外草莓产业及相关技术的发展现状分析

我国是草莓生产第一大国，其次是美国、西班牙。西班牙是全球最大的鲜食草莓出口国，其次是美国和墨西哥；而我国及波兰、墨西哥则是冷冻草莓的主要出口国。

我国草莓产业发展取得了巨大的进步，与此同时，也存在许多不足，如品种更新较慢，在生产方式、质量安全保障及采后深加工等方面还需努力。

2. 我国草莓产业发展趋势

我国未来的草莓产业发展趋势在于进一步推进产业化，延长产业链，加强科研与产业的结合，加速形成贸工农、产加销一体化的产业经营体系，提高我国草莓产业的组织化程度，促进我国草莓生产与国际、国内市场的对接。

二 我国及世界草莓质量安全状况

农产品的质量安全问题越来越受到人们的重视，尤其在当今人们普遍关心食品安全的情况下，尽管我国在草莓生产方面取得很大

的突破，但也存在很多不足之处，其中草莓的质量安全问题最为突出，如农药残留问题。

我国许多种植户在草莓生产中使用农药不够科学合理，施用时有很大的随意性和盲目性。国家禁止在果蔬上使用的农药，有些地方仍在草莓生产中普遍大量使用，形成了禁而不止的局面，致使草莓果实上的农药残留超标，环境也受到污染。

三 生产无公害优质草莓的意义及途径

1. 我国绿色无公害食品的发展

绿色无公害食品是指出自洁净生态环境、规范生产方式与良好环境保护及有害因素含量控制在一定范围之内、经过专门机构认证的一类无污染的、安全食品的泛称，包括有机食品、生态食品、自然食品、无公害食品、安全食品、健康食品、环保食品等。

2. 生产无公害优质草莓的意义

生产无公害优质草莓是提高人们生活质量和保证人类健康的需要，是提高整体社会效益和生产者的经济效益的重要措施，是增强我国草莓出口竞争能力的需要。

3. 生产无公害优质草莓的途径

生产无公害优质草莓的途径包括以下几个方面：

（1）建立良好的生态草莓基地　园区要远离城市、工矿企业、村庄及车站、码头、公路等交通要道，以避免有害物质污染。园区的灌溉用水要经过检测，符合国家标准的水源才可使用。要注意保护园区土壤不被污染，建立有利于农业生态良性循环的土壤管理制度，这是最根本的途径。

（2）因地制宜地制定规范化生产技术规程　草莓生产园区要根据本地的具体条件，因地制宜地制定科学实用的生产技术操作规程，其内容主要包括土壤、肥料、灌溉水的管理，植株整理，花期和结果期的管理，病虫害的防治和农药的选用及采收、包装、储藏等技术，其中最为关键的是病虫害的防治和农药的选用，其次是化肥的合理使用。园区应从草莓生产的各个操作环节着手，以减少人为造成的侵染，做到无害化生产，这样才能产出无公害的优质草莓。

（3）加强病虫害的综合防治　为了及时有效地开展防治，应全面贯彻“预防为主，综合防治”的植保方针，用现代经济学、生态学和环境科学的观点对病虫害实施全面管理，要以改善生态环境，加强栽培管理为基础，优先选用农业措施和生物制剂，最大限度地减少农药用量，改进施药技术，减少污染和残留。

（4）科学合理地施用肥料 施肥的原则是：无论施用何种肥料，均不能对环境和草莓造成污染，不使草莓中残留的有害物质影响人体健康，同时要有足量的有机质返回到土壤中，以保证和增加土壤有机质的含量及生物活性，这样才能产出安全、优质、营养的无公害草莓。

（5）确保草莓在营销过程中不被污染 草莓的包装材料（如包装纸、网套、纸箱、隔板等）、库房及运输工具等均要保证清洁、无毒、无异味。

第二章

草莓的生物学特征

草莓属于蔷薇科草莓属的宿根多年生常绿草本植物，园艺学上将其归为浆果类，在世界小浆果生产中居于首位。草莓植株矮小，呈半匍匐和丛状生长。一个完整的草莓植株由根、茎、叶、花、果实五部分组成。在土壤表面上的部分是草莓的茎，茎上着生叶片，顶端抽生花序，茎的下部生根。植株的大小常因品种、栽培生长环境和季节的不同而有一些差异。草莓植株一般高20~30cm，开展度为30~40cm。

一 根系

草莓的根系由新茎和根状茎上生长的不定根组成，属于须根系，没有主根。根系由初生根、次生根、毛细根组成。初生根以白色为主，直径一般为0.8~1.5mm，一株草莓有30~50条初生根，最多的可达100条。初生根的主要作用是产生次生根和固定草莓植株，它也是草莓根系更新的重要部分。在初生根上发生的根称为次生根，以浅黄色或土黄色为主，较短，在其上发出无数条细根，细根上密生根毛，这些根毛与土壤紧密接触，是草莓吸收水分和矿质元素的主要器官。草莓属浅根系，大部分根分布在距地表20cm以内的土层中，分布在该土层中的根约占根系总量的70%以上，少数根分布在距地表20cm以下的土层中。一般随着草莓植株年龄的增加，草莓的根状茎和新茎逐年加长。草莓根系多是从根状茎发生，根状茎升高，草莓的发根部位也就升高，根系分布就变浅，在草莓生长后期经常看到其根系裸露在外面。尤其是生长健壮的草莓植株，其根系发达，“跳根”的现象更是明显。

【提示】 草莓根系生长最适宜的温度为15～20℃，10月温度降低到7～8℃时生长减弱，冬季土壤温度下降到－8℃时草莓根系就会受到伤害，－12℃时会被冻死。因此，冬季最低气温在－12℃以下的地区，应采取保护措施，使草莓能安全越冬。

了解到草莓根系的活动规律，掌握草莓根系生长与温度及地上茎、叶、花、果的生长关系，合理调控温度，平衡植株的负载量，解决草莓根系和结果之间的养分竞争关系，才能最大限度地发挥根系的作用，提高产量和改善草莓的品质。

二 茎

草莓的茎可分为新茎、根状茎和匍匐茎3种。

1. 新茎

新茎是当年萌发的短缩茎，叶片着生和展开的部分有明显的弓背，草莓花序均发生在弓背的一侧，可运用这一特性确定秧苗栽植的方向，以使花序伸出方向一致。新茎着生于根状茎上，是草莓长叶、生根、长茎、形成花序的重要器官。新茎上密生叶片，基部产生不定根。新茎的顶芽到秋季可形成混合花芽，成为弓背的第一花序。

通过新茎上的弓背数量可以判断草莓的年龄，在草莓促成栽培中主要是用当年新产生的子苗，当苗上有2个以上的弓背，就说明这个草莓苗不是当年的，可能是老苗。

2. 根状茎

草莓新茎经过一年生长，叶片全部枯死脱落后变为外形似根的短缩茎，此类型的茎称为根状茎。根状茎有节和年轮，是储藏营养的主要器官。二年生的根状茎常在新茎基部产生大量不定根。但随着株龄的增长，根状茎一般从第三年开始不再发生不定根，而是从下部老的部位开始逐渐向上老化变黑并死亡。

3. 匍匐茎

匍匐茎是草莓新茎腋芽萌发形成的匍匐于地面生长的一种特殊的地上茎，茎细，节间长，具有繁殖能力。匍匐茎的节间很长，每

个节间的叶鞘内均着生有侧芽，但奇数节上的侧芽一般不萌发而呈休眠状态，偶数节上的侧芽可以萌发长出正常的茎和叶，并向下长出不定根。一般一株母株可长出 30 ~ 50 条匍匐茎，如果采用营养基质育苗，多的可达到 50 ~ 100 条。草莓抽生匍匐茎的多少与品种、母株的健壮程度、株龄、环境条件、结果多少等因素有关。

三 叶

草莓的叶为基生三出复叶，紧密着生在新茎上呈螺旋状排列。不同品种的叶片颜色、叶形、叶片厚度、叶脉的走向和交叉程度、叶片边缘锯齿的形状是不一样的。在生长季中草莓的叶片不断从新茎上长出，气温在 20℃左右时 8 ~ 14 天就长出一片新叶，每株草莓一年中能长出 20 ~ 30 片叶。不同品种的叶片数量也不一样，一般植株矮小的草莓品种生长势强，抽生的叶片也多；植株高大的草莓品种的叶片就相对较少。越冬期保存较多完整的绿叶，有利于提高草莓的产量。

不同叶龄的草莓叶片的光合能力也不同。光合作用的有效叶龄为 28 ~ 45 天，一般从芯叶向外的第三片叶至第五片叶的光合能力最强。叶龄在 50 天以上的叶片，即第七片叶之后，光合能力明显下降，在结果期可以随时摘除，减少这些叶对营养物质的消耗，有利于根系的生长发育，同时有利于植株间的通风透光，减少病虫害的发生。在温室促成栽培中保持草莓植株有 5 ~ 7 片展开的叶片，确保草莓养分供应。草莓叶片生长的适宜温度为 15 ~ 25℃，超过 25℃时叶片生长缓慢。光合作用的最适温度为 20 ~ 25℃，30℃以上时草莓的生长和光合作用明显受到抑制。温度在 15℃以下时，光合速率也较低。

四 芽

草莓的芽可分为叶芽和花芽两种。

1. 叶芽

草莓的叶芽分为顶芽和腋芽两种。顶芽是指着生在新茎顶端的芽，顶芽萌发后向上长出叶片和延伸新茎。当秋季日平均温度下降到 17℃左右、日照时间少于 12h 时，顶芽可形成混合花芽，称为顶花芽。混合花芽萌发后先抽生新茎，待新茎长出 3～4 片叶后抽生花序。腋芽是指着生在新茎叶腋间的芽。草莓的腋芽多具有早熟性，当年可萌发成为匍匐茎，形成匍匐茎苗，在栽培时腋芽中的一部分当年萌发成新茎分枝，开花结果，另一部分腋芽不萌发，成为隐芽。

2. 花芽

草莓的花芽可分为顶花芽和侧花芽两种。花芽分化是指植物茎生长点由分生出叶片、腋芽转变为分化出花序或花朵的过程，是由营养生长向生殖生长转变的生理和形态标志。温度和日照是影响草莓花芽分化的主要因素。低温、短日照对诱导花芽分化有交互作用。据试验，草莓在 8h 日照条件下，在 10～20℃的温度范围内都能进行花芽分化；日照 8～12h，温度达到 17～24℃时，草莓才能形成花芽。日照长于 14h，温度高于 10℃时，草莓花芽分化受阻。当温度高于 30℃时，无论日照长短，草莓都不能进行花芽分化；当温度低于 5℃时，草莓就会进入休眠状态，也不能进行花芽分化。

五 花

大多数草莓品种的花是两性花，又称为完全花。花柄、花托、萼片、花瓣、雄蕊、雌蕊六部分组成一朵完全的草莓花。花柄顶端膨大的部分是花托，呈倒三角形，并且肉质化，其上着生萼片、花瓣、雄蕊和雌蕊。草莓花根据花柄的着生方式可分为单花和二歧聚伞花序或多歧聚伞花序。日系品种多是二歧聚伞花序，如红颜、章姬等品种，它们的花轴顶端发育成花后停止生长，形成一级花序，在这朵花的苞片间长出两个等长花柄，其顶部的两朵花形成二级花序，再在二级花序的苞片间形成三级花序，依此类推，花序上的花依照此顺序依次开放。草莓只要温度和湿度合适，花即可连续开放。花药开裂的临界温度为 11.7℃，适宜温度为 13.8～20.6℃，温度过低则花药不能开裂。

六 果实

草莓为聚合果，是由花托发育而成的，植物学上称为假果，因其柔软多汁，栽培学上又称为浆果。食用部分为肉质的花托，花托上着生许多小瘦果，称为“种子”，我们通常说的草莓果实指的就是

这一整体。瘦果在花托表面嵌入的深度因品种的不同而有差异，一般瘦果凸出果面的品种较耐储运。草莓的形状因品种的不同而有较大差异，常见果形有圆锥形、扁圆形、楔形、扇形等。果肉多为红色、粉红或深红色。从草莓的内部结构来看，中心部位为花托的髓部，髓部的大小、充实或空心状况因品种的不同而有差异。髓部向外是花托的皮层，中间以中柱为界相隔，髓部有维管束且与嵌在皮层内的种子相连。髓部细胞的分裂可一直延续至草莓的整个生长期，但分裂速度缓慢，当髓部细胞分裂与果个增大失去平衡时，髓部容易出现空心。

第三章
草莓对土壤环境的要求

一 草莓生长需要的土壤条件

草莓对土壤的适应性较强，在多种土壤中均能生长，但在疏松、肥沃、透气及透水良好、地下水位在80cm以下的壤土或沙壤土中生长良好，并且产量高、品质好。草莓在盐碱地、沼泽地、石灰质土壤中生长不良、产量低、品质差。草莓适宜在中性或微酸性的土壤中生长，适宜的pH为5.5～6.5。土壤pH在4以下或8.5以上时，草莓生长发育不良。如果土壤pH为8～8.5，尽量采用高垄栽培且勤浇水，并且采用地膜覆盖来减少土壤水分蒸发，这样也可以种植出优质草莓。草莓喜肥沃土壤，根系分布层的土壤有机质含量达到1.5%以上时，草莓植株生长良好，产量高，品质优；土壤有机质含量在1%以下时，草莓植株生长弱，产量低，品质差。

二 草莓种植中常见的土壤问题及解决办法

1. 土壤有机质不高

遇到土壤有机质不高时，可以大量施用秸秆和牛粪等有机物进行调节，这种方法最直接有效，具体可闭棚营造高温环境以使秸秆腐熟发酵。秸秆等有机物的施用也要逐年进行，不要一次性添加太多，太多的秸秆不利于充分发酵，另外过多的秸秆使土壤的通透性较强，易导致漏水漏肥，尤其在冬季浇水时沟里的水太多，导致湿度大，可以诱发各种病害。在实际生产中，一般每亩（1亩≈667m^2）地每年一次性添加8～10m^3牛粪，秸秆每次（以干麦秸秆计）800～1000kg就可以了。土壤有机质含量也不能太高，一般维持

在3%左右最好。

2. 土壤偏黏重、pH高

土壤呈碱性，并且有机质含量不高，一般在1%左右，不利于草莓的生长。有效的土壤改良方法是加入草炭和细沙，与田土深翻混匀。一般一个长50m、跨度8m的温室，土壤pH在8左右时，可以用30m^3的草炭和50m^3的细沙，用深松机深松后再用深耕机进行深耕，深度一般要求在30~40cm，最后用旋耕机耙碎耙平。改良后的土壤疏松，通透性大大提高，土壤pH下降1个单位，利于草莓生长。

3. 草莓连作障碍问题突出

草莓连作障碍产生的原因一般可归结为三大因素：土壤次生盐渍化及酸化、土壤致病菌积累、植物自毒物质的积累和营养元素平衡的破坏。草莓土传病害数量分级标准见表3-1。

表3-1 草莓土传病害数量分级标准

土壤等级	镰孢菌/(CFU/g)	疫霉菌/(CFU/g)	病害程度	建议
1	<200	<1000	对植株生长和产量基本无影响	可忽略
2	200~500	1000~3000	植株生长基本正常，零星发病	密切关注
3	500~2000	3000~5000	植株矮小、病叶增加，枯萎面积增加	建议消毒
4	>2000	>5000	植株枯萎、死亡，产量急剧降低	必须消毒

解决连作障碍常用的具体方法如下：

(1) 土壤消毒 土壤消毒一般有物理消毒、化学消毒和生物消毒等多种方式。

1）物理消毒：物理消毒主要是指石灰氮加太阳能的消毒方式。在每亩土壤中加入700~800kg小麦秸秆，秸秆长度为3~5cm，再加石灰氮60~70kg。采用高畦灌水漫过草莓畦，最后用完整的旧棚膜覆盖并压严。消毒时间一般为30~40天。

2）化学消毒：化学消毒主要是指在土壤中使用氯化苦、棉隆等化学试剂杀灭土壤中的致病微生物，从而降低草莓发病率的消毒方式。在使用化学消毒时，一定要控制曝气时间，就是消毒结束时去掉覆盖物后晾晒3～5天，再用旋耕机深旋2次后经太阳暴晒20天左右。如果曝气时间短，土壤中残存的化学气体对草莓成活率的影响很大。

3）生物消毒：生物消毒主要是指在土壤中施用有益的微生物，提高土壤中有益微生物的种类和数量来改善草莓根际环境以利于草莓生长的消毒方式。常用的有益微生物有枯草芽孢杆菌、苏云金杆菌（Bt）、酵母菌、放线菌等。使用方式最好是在整地施肥时将微生物菌肥和有机肥一起施用，然后旋耕。

（2）换土 连作时间较长，土壤病虫害发生严重的棚室要进行换土工作。主要是将表层20cm以内的土壤清除后进行药剂杀虫和杀菌处理，再回填未污染的大田表层活化土壤即可。换土的工程量大，一般不到万不得已不建议采用。

（3）轮作 在草莓种植结束后轮种禾本科作物或其他十字花科作物，改善土壤中微生物种群和土壤中残存的养分，利于后期草莓生长。最好的方法是水旱轮作，没有条件的尽量在灌水后再种植作物，避免单盐毒害的发生。

三 填闲作物在草莓上的应用研究

1. 填闲作物在可持续生产中的意义

填闲作物是指主要作物收获后，在空闲季节种植以吸收土壤多余的养分，降低耕作系统中的养分淋溶损失，平衡土壤的养分比例，为后季作物的正常生长创造良好条件的作物种植方法。通过试验表明，在主作物生长季节之外种植填闲作物一年可降低75%的硝态氮肥淋溶损失，在接下来的一年中降低50%左右。科学地选择作物种类，通过调节不同作物的根际养分和微生物的变化来调节保护地主栽作物的生长是十分必要的。

2. 科学选择合适的填闲作物

首先，填闲作物必须要有足够的生物量，只有大量的生物量才

能有效地累积养分，所以生物量是一个较重要的地上部评价指标。填闲作物应具备在较短生长期内，地上部及根系生长迅速、生物量和根系庞大（深根系有利于接触更广的土壤容积）等特点。其次，选择不同科属的作物。由于不同科的作物的代谢途径不同，如C4作物较C3作物光合作用强，生长迅速且生物量大，根系较发达，其中青贮玉米、糯玉米或甜玉米、苋菜生物学特性较适合作为填闲作物。根菜类蔬菜根系较深，生长量大，生长期一般较长，夏秋萝卜为C3作物，生长期在40天左右，可作为填闲作物种植。种植填闲作物时，在填闲作物生长期间必须加强田间管理，以防高温多雨季节严重的病虫害。不同的作物种类对土壤中不同养分的吸收效果也有不同。例如，菊苣对土壤中的氮肥吸收较好，如果土壤中氮素累积较高，可选择菊苣作为填闲作物。白萝卜对土壤中富集的氮肥和钾肥有很好的吸收效果。

在实际生产过程中常常是在草莓拉秧后种植玉米，这样连续操作几年后效果不理想，最好的做法就是每年套作或间作的作物都有所不同，这样可以均衡土壤中的各种养分和土壤微生物的生物量及种类，改善土壤理化性质。例如，今年种植玉米，明年种植白萝卜等，在实践中种植西蓝花效果好于其他作物。

第四章
促成栽培常用的优质品种及特性

一 红颜

红颜是从日本引进的浅休眠草莓新品种，大果型，5℃以下的低温经过50h即可休眠。连续结果能力强，丰产性好，平均单株产量在350g以上，每亩栽苗6000～10000株，一般每亩产量可达2800kg左右，具有生长势旺、产量高、果个大、口味佳、外观漂亮和商品性好等优点，鲜食加工兼用（极佳鲜食品种），适合日光温室及大棚促成栽培，是一个很有发展前途的且适合都市农业生产的优良品种。

该品种的基本特性：株型高大清秀，茎、叶色略浅；株高28.7cm，株幅25cm，花茎粗壮直立，花茎数和花量都较少；休眠程度较浅，花芽分化期与丰香品种相近，略偏迟。花穗大，花轴长而粗壮；果实呈长圆锥形，果面和内部色泽均呈鲜红色，着色一致，果粒美观，富有光泽；果个大，最大果重110g，平均单果重25g左右（一代顶果平均重45g），可溶性固形物含量平均为14.3%；香味浓，酸甜适口，果实硬度适中，耐储运；耐低温能力强，在冬季低温条件下连续结果性好，但耐热与耐湿能力较弱，较抗炭疽病，耐白粉病。

二 章姬

章姬为浅休眠草莓品种，5℃以下的低温经过120h即可休眠。该品种的抗低温能力相对较强，不耐高温，高温容易产生徒长现象。株型较直立，生长势旺，株高35cm左右。叶片较大，呈长圆形，匍匐茎抽生能力较强。花序长，花数多，连续结果能力强，单株结果

数为30～40个，高级花序较多时要及时疏去。第一花序平均单果重25g左右，整个生长期的平均单果重18g左右。果实呈长圆锥形，鲜红色，果实偏软，口感好，香味浓郁，果粒美观整齐。可溶性总糖含量为9.3%，总酸含量为0.53%。休眠浅，花芽分化期比丰香品种早，始采期比丰香品种早5天，开花至成熟需30～45天。对炭疽病的抗性中等，对白粉病的抗性较强。

三 点雪

点雪是从日本引进的浅休眠草莓品种，5℃以下的低温经过100h左右即可休眠。该品种株型较直立，生长势旺，株高30cm左右。叶片较大，呈长圆锥形。花序长，花数多，高级花序较多时要及时疏去。第一花序平均单果重22.5g左右，整个生长期的平均单果重18g左右。果实偏软，口感好，香味浓郁，果粒美观整齐。可溶性总糖含量为9.0%，总酸含量为0.65%。对炭疽病的抗性中等，对白粉病的抗性较强。

四 隋珠

隋珠是从日本引进的浅休眠草莓品种，该品种比红颜成熟早。其植株生长势旺，结果多，花瓣呈白色，花柄粗。果实呈标准的圆锥形，果个大，横径可达5～6cm，深红色，有丝状光泽，果面色泽好，大果率高，最大果重可达50～60g，果面平整，有蜡质感。果肉细润、甜绵，糖酸比高，一般每亩产量在3500kg以上。对炭疽病的抗性中等，对白粉病的抗性较强。

五 圣诞红

圣诞红是从韩国引进的草莓品种，该品种比红颜早熟7～10天。株型直立，株高19cm。叶面平展而尖向下，叶厚中等。叶片为黄绿色且有光泽，呈椭圆形，边缘锯齿钝，质地革质且平滑；叶柄为紫红色。花序平或高于叶面，直生，白色花瓣有5～8枚，呈圆形且相接。果实表面平整，光泽强，果面为红色。80%的果实为圆锥形，10%的果实为楔形，10%的果实为卵圆形。果实萼下着色中等，宿萼反卷，为绿色。种子微凸于果面，黄色与绿色兼有，密度中等。

果肉为橙红色，髓心为白色，无空洞。果肉细，质地绵，风味甜，可溶性固形物含量为13.1%，果实硬度高于红颜，耐储性中等。圣诞红的耐低温能力强，在冬季低温条件下连续结果性好，对炭疽病，白粉病、枯萎病有较强的抗性，其中对白粉病、灰霉病的抗性均比红颜和章姬高。

六 栎乙女

栎乙女为浅休眠品种，5℃的低温经过200h左右即可休眠，成熟期比红颜晚。该品种株型较直立，生长势较旺，株高25cm左右。叶片较大，呈长圆形，匍匐茎抽生能力较强。花序短，花数中等，连续结果能力一般，单株结果数为20～30个，高级花序较多时要及时疏去。第一花序平均单果重31g左右，整个生长期的平均单果重12.6g左右。果实呈短圆锥形，鲜红色，较硬，口感好，香味浓郁，果粒美观整齐，果实成熟度达到85%时风味最佳。果实果肩部位呈白色，尖部呈深红色，商品性很好。可溶性总糖含量为10.3%，总酸含量为0.57%。对白粉病有较强的抗性。

七 京藏香

京藏香是北京市农林科学院培育的草莓品种，2013年审定，母本为早明亮，父本为红颜。果个中等，呈圆锥形，亮红色，硬度适中，风味佳，香味浓郁，连续结果能力强，果实成熟期与甜查理相近，在2013年第九届中国草莓文化节上获得“长城杯”。该品种适应性强，对白粉病和枯萎病有较强的抗性。

八 京承香

京承香是北京市农林科学院培育的草莓品种，2013年审定，母本为土特拉，父本为鬼怒甘。果个大，呈圆锥形，亮红色，硬度大，丰产性强，风味佳，香味浓郁，连续结果能力强，果实成熟期与甜查理相近，在2013年第八届全国草莓擂台赛上获得“金奖”。该品种适应性强，对白粉病和灰霉病有较强的抗性。

第五章 草莓育苗技术

繁育健壮的草莓苗是获得优质、高产草莓的基础。草莓的产量与草莓的花序数、开花数、等级果数、果实大小等因素密切相关，与植株的营养状态和根部的发育状态有密切联系。草莓种苗的质量决定草莓的产量和果实的品质，所以，种苗繁育是草莓生产的关键环节。草莓的繁育方法有五种，我国生产上主要用匍匐茎繁殖法繁育草莓种苗，并且多与组织培养相结合，利用组培原种苗作为母株，再用田间匍匐茎繁殖，脱毒复壮，生产优质草莓种苗，并提高繁殖系数。

第一节　草莓的繁育方法

草莓的繁育方法有种子繁殖法、母株分株繁殖法、组织培养繁殖法、扦插繁殖法和匍匐茎繁殖法共5种，其中生产上最常用的是匍匐茎繁殖法。

一 种子繁殖法

草莓种子繁殖法，即直接播种草莓的种子，通过一定的栽培管理获得草莓植株的方法。种子繁殖法成苗率低，容易产生性状变异、分离，在生产上一般不采用。对于杂交育种、选育新品种、长距离引种和一些难以获得营养繁殖苗的品种，多采用种子繁殖。

二 母株分株繁殖法

草莓母株分株繁殖法又称根茎繁殖法，俗称分墩法。对于不易发生匍匐茎的品种可采用草莓母株分株法进行繁殖。其方法如下：在草莓果实采收后，加强对母株的管理，及时对母株进行施肥、浇水和除草工作，促进其新茎腋芽发出新茎分枝。待新茎的新根发生后，将母株整个挖出，剪掉下部黑色的不定根和衰老的根状茎，选择当年的具有3～5片功能叶、5条左右健壮根系的侧芽逐个分离。分离出的植株可直接栽到生产园中。

三 组织培养繁殖法

利用组织培养繁殖法生产脱毒草莓苗是目前世界上获得无病毒种苗最普遍有效的方法。具体的操作方法是：先把切取的草莓茎尖进行热处理，然后在无菌状态下切取分生组织尖端0.2～0.5mm的生长点，在加入了0.5mg/L BA、0.1mg/L IAA和0.3mg/L KT的MS培养基中培养试管苗，获得的试管苗要通过多次反复病毒鉴定，确认无病毒携带才能加速繁殖出大量试管苗，再进一步繁殖出原种苗，供生产使用。脱毒苗具有生长快、生长势旺、繁殖系数高等特点，抗病性、耐热性和耐寒性均强于普通非脱毒苗，基本不用或很少使用化学农药，更有利于保障食品安全；花序多，坐果率高，并且果实外观好、色泽鲜艳、果个大、均匀整齐、畸形果少、产量高。脱毒苗在生产上有极广阔的推广前景。

四 扦插繁殖法

草莓的扦插繁殖法是把尚未生根或发根较少的匍匐茎苗或尚未成苗的叶丛植于水中或土中，促其生根，培养成独立的小苗。

【提示】 扦插通常是在7月中旬的高温时期进行，为了更好地创造湿润、适温的环境，可在搭建的小拱棚内进行扦插。小拱棚内顶部安装一根雾化管，白天可以在温度高时将雾化打开，起到降温、保湿的作用。

五 匍匐茎繁殖法

匍匐茎是草莓的主要繁殖器官。草莓在每年的生长期内会发生大量的匍匐茎，利用匍匐茎上着生的子株来繁殖幼苗的方法，即为

匍匐茎繁殖法，这也是草莓最常见的繁殖方法。

1. 匍匐茎繁殖法的优点

一是繁育的草莓苗质量好，二是种苗繁殖速度快，繁殖系数高，繁殖技术简便。

2. 影响草莓匍匐茎发生数量的因素

草莓发生匍匐茎的数量受品种、日照与温度、低温积累量、土壤水分和植物激素等方面因素的影响，各因素水平不同，匍匐茎的发生数量就不同。

（1）品种　草莓匍匐茎的发生数量受品种自身遗传因素的影响很大，不同类型品种发生匍匐茎的能力不同，四季结果或对光照钝感的品种匍匐茎发生的数量少，而一季结果型品种匍匐茎发生的数量较多。

（2）日照与温度　匍匐茎的发生还与光照强度有关。光照强，有利于匍匐茎的发生，通常 7～8 月比 6 月发生的匍匐茎数量多，虽然南方盛夏高温季节的光照很强，但温度过高也会抑制匍匐茎的发生，甚至使已抽生的匍匐茎枯死。温度和日照时数对匍匐茎发生的影响见表 5-1。

表 5-1　温度和日照时数对匍匐茎发生的影响

温　　度	日照时数	匍匐茎发生情况
10～20℃	<8h	很少发生匍匐茎
	>12h	发生匍匐茎
	>16h	匍匐茎发生有增加趋势
<10℃	>16h	很少发生匍匐茎
>35℃		停止生长
>40℃		灼苗、死苗

（3）低温积累量　匍匐茎的发生数量与母株感受到的 5℃ 以下低温积累量有关。对低温积累量需求较少的品种经历较长时期的低温处理，则可增加匍匐茎的发生数量。

（4）土壤水分　草莓匍匐茎的发生数量还与土壤水分的多少有

关。繁育草莓种苗时，一定要在匍匐茎发生期进行，注意保持土壤湿润，便于子苗根系的生长。同时，还要注意不要积水，形成涝害。土壤积水容易造成病害的发生和蔓延。

（5）植物激素 草莓匍匐茎的发生也受到植物激素和生长调节剂的影响。赤霉素对匍匐茎发生少、繁殖率低的品种有促进匍匐茎发生的作用，不同草莓品种对赤霉素的敏感度不同。赤霉素能打破草莓休眠，促进草莓匍匐茎分生。

第二节 现行草莓繁育体系与存在的问题

一 草莓三级种苗繁育体系

草莓三级种苗繁育体系中的三级种苗是指草莓原原种苗、原种苗和生产用种苗。根据北京市地方标准《草莓种苗》（DB11/T 905—2012）中对三级种苗的定义，茎尖培养苗在网室中经过一年繁殖培养后获得不携带草莓病毒的植株为原原种苗；原原种苗经过一年繁殖培养获得并经检测达到规定质量要求的植株为原种苗；原种苗经过一年繁殖培养获得并经检测达到规定质量要求的植株为生产用种苗。

建立健全草莓原原种苗、原种苗、生产用种苗三级种苗繁育体系，大力推广脱毒草莓种苗，对于草莓优质种苗的繁育具有重要的意义。草莓种苗的质量要求见表5-2。

表5-2 草莓种苗的质量要求

作物名称	种苗类别	纯度	无毒率	病株率	成活率	单株要求
草莓	原原种苗	100%	100%	0	≥90.0%	4个叶柄并1个芯，新茎粗不小于6mm；须根不少于6条，根长不小于6cm
	原种苗	≥99.0%	100%	0		
	生产用种苗	≥96.0%	≥95.0%	炭疽病≤1.0% 叶斑病≤3.0%		

二 草莓育苗存在的问题

1. 品种退化

长期种植单一品种导致生产成本增加，效益不高，不能实现优质优用。

2. 草莓病毒病发生频繁

很多种植户采用生产后的草莓作为母株进行繁殖，没有对母株进行严格的筛选，有可能对带有病毒病的母株进行繁殖，造成草莓病毒病的发生较为严重，并且发展趋势越来越严重。

3. 种苗质量差

在传统草莓育苗过程中，高温干旱引起病虫害发生严重，尤其是蚜虫和红蜘蛛发生较为严重，导致幼苗病毒病发生严重，种苗质量严重退化。

4. 种苗繁育受环境影响较大

传统的草莓育苗仍然是露地自然繁育，受自然条件的影响大，遇到恶劣天气，种苗数量就不够。气温小于5℃的情况下，草莓会受到冷害，在0℃以下，会受到冻害；当气温大于或等于35℃的时候，草莓开始停止生长，大于40℃时，草莓长时期处于高温环境中会出现灼苗、死苗，造成灾害性损失。

5. 育苗技术落后

普通的露地育苗方法的土地利用率低，即单位面积出苗率低，并且露地育苗时草莓苗易发生病害，成活率不高。

第三节 露地育苗

一 选择品种

露地繁育的草莓品种大多具有抗病性强，耐寒性、抗旱性较强，耐高温、高抗草莓炭疽病，以及叶片厚实等特点（见彩图 1）。品种以欧美品种为主，如卡姆罗莎、蒙特瑞、阿尔比、甜查理等。

二 选择育苗地块

宜选择地势平坦、土壤疏松肥沃、排灌方便、背风向阳的地块作为草莓专用繁殖地块。草莓喜湿不耐涝，若种苗长时间在水中浸泡，死亡率极高，严重的地块甚至绝收。草莓育苗地块必须排灌合理，经过雨水浸泡超过 3h 的草莓种苗一般不建议在生产田中使用，这样的草莓种苗生长变弱，很容易死亡，为此，低洼地块和积水地块不宜作为草莓育苗地块。

三 土壤消毒

土壤消毒可以解决连作障碍中占主导地位的土传病虫害问题，大幅度缓解了连作障碍的毁灭性危害，提高草莓对水分和养分的吸收与利用，保证了土壤持续生产的能力；另一方面也减少了因土传病虫害引起的土壤生产力下降而增加的化肥施用量。有研究表明，虽然土壤消毒会同时杀死有益微生物，暂时影响植物对养分的吸收，但有益微生物在之后的 2 个月内就可逐步恢复到正常水平，土壤消毒最终可以大幅度提高氮肥的利用率，减少氮肥施用量在 50% 以上。使用威百亩等土壤消毒剂处理后的土壤中的铵态氮的含量显著增加。而威百亩和石灰氮消毒对土壤 pH、有效磷、速效钾、阳离子交换量的影响均不显著。

连续 2 ~3 年进行草莓种苗繁育的地块要进行土壤消毒，可以选择棉隆、氯化苦等药剂来进行，也可以使用臭氧消毒技术。在繁育前进行土壤消毒，不仅可以杀灭土壤中大量的致病微生物和病虫，还可以杀死土壤中的杂草种子，为草莓健康成长提供一个良好的土壤环境。

四 育苗时间

在早春，10cm 处的地温稳定在 2 ~5℃时，草莓根系便开始缓慢生长，但此时根系的生长主要是上年秋季长出的白色初生根的继续延伸，发生新根的量很少，以后随气温的不断回升才逐渐从根状茎和新茎上发生新根。当地温稳定在 13 ~15℃时，草莓根系出现第一次生长高峰。应根据根系的活动规律和当地的气候条件及早定植草莓母株，当日平均气温达到 10 ~12℃时便开始定植，北京地区一般在 4 月上、中旬。

小技巧

培育健壮的草莓母株一般有3种方法：

1）在当年的9月开始将挑选后的草莓种苗种植在育苗圃中，株距40cm，行距1.5m，每亩定植草莓母株量为1100～1200株。在后期的管理上侧重磷钾肥的使用，一般在叶面上喷施0.2%磷酸二氢钾溶液就可以了，在促进草莓健壮的同时还可以促进草莓侧芽生长。在侧芽的管理上一般保留1～2个侧芽，侧芽过多导致养分供应不集中，同时植株整体上叶片过多、过密导致草莓叶片小，相互遮阴，通风透光性变差，很容易发生白粉病和蚜虫、红蜘蛛等病虫害。后期草莓会现蕾开花，这时要及时将草莓花蕾去掉，让植株体内的养分集中积蓄在根茎部，增加抵抗力。在进入冬季前浇好冻水，待水下沉后用0.1mm厚的地膜将草莓整垄覆盖，再用土将四周压严，尽量保留完整的草莓叶片，待次年温度上升后这些叶片可以继续发挥其功能。次年春季时可以根据外界温度变化逐步将薄膜四周的土松开，透进的风可降低白天积累的高温，最后将整个薄膜去掉。去掉薄膜的同时将草莓上的花和果及时摘除，保证养分集中供养草莓的根茎，促进植株健壮（见彩图2）。

2）在2月中下旬利用营养钵提前将草莓母株种植，在保护地进行培育，待外界温度适宜种植时定植在露地育苗地中。

3）在春秋大棚中也可以培育壮苗。具体方法：①苗床的准备：在大棚中做好1.2m宽的平畦，将畦内的土壤深翻后简单整平，在上面灌水，等水完全渗下后，铺上含草炭、蛭石、珍珠岩（体积比为2∶1∶1）的基质，基质厚度一般控制在10cm。②种苗的选择：在前一年的秋季选择健壮的草莓苗，一般株高不高于20cm，新茎粗度在0.6cm左右，4片功能叶片，一级根系在5条以上的老熟草莓种苗，以株行距15cm假植在苗床上。③假植时间：北京地区一般在11月初。如果假植过早，草莓种苗继续生长很容易开花结果，消耗养分而不易越冬；如果假植过晚，草莓种苗容易受冻，不利于草莓苗生长。假植时间掌握在既可以生长，又不能开花结果的时期。以草莓假植后生长20天左右就降温休眠为宜。④种苗管理：草莓假植后浇大水，适当保温促进草莓缓苗，夜间温度最好在2℃左右，白天在20～25℃，草莓缓苗后进行一次25%阿米西达2500倍液的防治。在12月初浇1次大水也就是冻水，等水完全渗下、湿气排尽后，用旧棚膜将草莓苗完全覆盖，四周用土压严，将大棚的棚膜完全落下，关闭大棚大门，尽量不要有风吹入。之后如果天气晴朗且温度较高，可以打开门适当降低棚内温度。⑤春季管理：春季外界温度上升，当白天温度高于20℃，夜间温度高于5℃时及时通风，适时撤掉草莓上面的旧棚膜，在保证不受冻的情况下，尽量降低棚内的温度。及时疏除草莓花蕾，摘掉草莓的病残叶，适当灌水，防止去掉棚膜时草莓叶片失水萎蔫。外界条件适合种植时，将草莓种苗和其携带的小匍匐茎一起定植下去。

五 整地做畦

土壤消毒之后，需晾晒7～10天再进行整地做畦，使土壤充分曝气，避免消毒时的有害气体在土壤中残留，影响草莓母株的生长。黏重、含水量高的土壤要延长曝气时间。每亩撒施腐熟农家肥或商品有机肥500～1000kg，深翻30～35cm，混匀土壤和肥料。

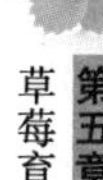

规模化草莓育苗，育苗面积较大，一般都在50亩以上，草莓生长旺季为7～8月，正是北方的雨季，草莓不耐涝，雨水大很容易造成死苗，因此排水就很重要。所以，草莓育苗一般都是采用利于排水的高畦栽培模式进行。

六 选择优良母株

要培育健壮的草莓苗，首先要选择优良母株，优良母株的特

点可概括为品种纯正、根系发达、无病虫害。选用脱毒苗作为母株，是生产优质、高产草莓果实的关键。脱毒苗的生产性能与非脱毒苗相比，存在明显优势。繁育原种一代苗时，应选用健壮、根系发达、有4～5片叶的脱毒苗作为母株。繁育生产苗时，应选用健壮、根系发达、有4～5片叶、无病虫危害的原种一代苗作为母株。

七 定植

定植时间选在春季，北京地区为4月上、中旬，日平均气温达到10～12℃时。定植草莓母株之前打开滴灌进行洇畦，保证畦面土壤湿润且不黏腻。定植按照每畦双行，株距40～50cm，每亩定植1200～1500株进行。

八 水分管理

定植后要及时浇一次定植水，浇水量以浇透且不渗向垄沟为准，以保证母株的成活。草莓母株成活后，由于是早春天气，温度还比较低，尤其是土温较低，土壤蒸发量小，根据土壤墒情，每隔2～3天浇1次水，浇水时间不宜过长，以防浇水更加降低土温，影响种苗根系的生长。种苗抽生匍匐茎以后，需水量变大，浇水时间要长一些，可每天浇1次水，每亩灌溉量在2t左右。进入盛夏，如果下午蒸发量大，发现畦面缺水，还要再次浇水，为草莓苗补水的同时，还能起到降温的作用。浇水频率和浇水量根据不同的土壤质地和天气情况确定，标准是见干见湿，不要一次性浇得太多，也不能等干旱严重时再浇。

雨季的时候，还要做好排水工作，及时把雨水从田间排到外面，减少雨水浸泡草莓苗的时间，防止草莓炭疽病的发生。

小技巧

（1）保温、保湿　进行露地育苗时，在草莓母株定植时温度还比较低，北京地区春季风速大，所以母株定植时尤其要注意保温、保湿。可采取膜下定植的方式来保温、保湿，即定植前在畦上用竹片和塑料薄膜搭建宽60cm左右的小拱棚，定植后随即封闭小拱棚，将小拱棚两边的塑料薄膜用土压严。这样搭建小拱棚既能在定植前提高地温，又能在定植后起到保温、保湿的作用，防止早春露地栽培的草莓母株因低温和风大造成失水导致生长不良。

（2）卧栽　露地育苗的草莓苗定植在临时搭建的小拱棚内，定植时可采取卧栽的方法，这样既不容易窝根，又不会因为草莓母株太高导致顶部顶住棚膜。如果草莓母株顶住棚膜，刮风时会因棚膜晃动而导致草莓母株晃动，造成根系晃动不易成活。

（3）提高成活率　定植后将草莓母株两侧的土壤稍微按一下，使土壤紧实，避免土壤太松，影响草莓母株成活。

（4）淘汰草莓苗　凡是遭水浸泡过的草莓苗都不要再使用，即使当时草莓苗没有死亡，生产上定植后也会出现死苗、生长不良、产量下降等现象。

（5）遭水浸泡后的土壤处理　遭水浸泡过的土壤一定要进行深翻、改良，改善土壤质地结构，使其适合草莓生长。

（6）滴灌带的选择　给草莓母株灌溉时，选择滴孔间距为20cm的滴灌带，不要选择滴孔间距太大的滴灌带，滴孔间距大容易造成灌水不均匀，畦面干湿不一致，容易为病害的发生创造条件。

后期为子苗灌溉时，距离母株40cm处铺设一条滴灌带，滴孔间距为15cm，草莓子苗在人工压茎时让子苗排在滴灌带周围。要经常检查滴灌带的滴水是否正常，滴眼是否被杂物堵住，滴灌带是否破损。发现问题及时解决，保证滴灌带滴水顺畅。

九 植株管理

1. 中耕除草

草莓母株缓苗后，要进行中耕除草。除草是春季育苗中非常重

要的工作，杂草随着浇水量的增加和温度的提高生长速度很快，过多的杂草不仅和草莓争夺养分，更严重的是影响草莓植株受光，使草莓细弱，在中后期杂草的滋生导致草莓根系很难及时扎入土中形成气生根，遇到干热风或干旱时间较长就会死亡。中耕的深度为2～3cm，同时去除杂草（见彩图3）。在草莓匍匐茎大量发生前，除草2～3次。草莓子苗生长阶段，中耕除草时要结合植株调整进行，注意不要对子苗造成机械性损伤或拽动子苗，影响其生根。每次除草都会不经意地将草莓匍匐茎锄断，影响草莓繁苗的数量，同时会增加人力和物力成本，如何进行最有效的除草就是育苗成败的关键。

2. 去花蕾和老叶

草莓母株定植后，4～5月会抽生花序，必须随时摘除花蕾和干枯的黄叶、老叶，以减少养分的浪费，有利于匍匐茎的发生。

【提示】摘除老叶时可以一只手扶住草莓母株，另外一只手拽住老叶，保持与地面平行，转着拽掉，这样可避免晃动草莓母株，伤及根系。叶柄太多的要分次分批去掉，不能一次性去掉。摘除的花梗和老叶要及时带出田外集中处理。

3. 喷赤霉素促进匍匐茎发生

在匍匐茎发生期用30～50mg/kg的赤霉素喷1次，不能多次喷施，否则草莓苗激素积累，定植后易旺长、不结果。每株喷5～10mL赤霉素溶液，促进匍匐茎发生。

【提示】喷施时的温度最好在20～25℃。喷施时温度过高，易产生药害；喷施时温度过低，草莓气孔还没有打开，影响其对赤霉素的吸收。喷施时间最好选择17：00～18：00。子苗长到5片功能叶时再喷施，北京地区多在5月中旬。喷雾器要选择雾化程度高的，喷施时一扫而过，不要来回喷，叶片均匀着药就可以了，不能有水滴，否则，导致草莓子苗上的赤霉素过量。

4. 引茎和压茎

当草莓母株抽生匍匐茎以后，选留粗壮的匍匐茎，将细弱的匍匐茎及时去除。新抽生的匍匐茎应及时将其沿畦面的两侧摆放、理顺，用专用工具（育苗卡）在子苗长出根系的后面把匍匐茎固定住，让匍匐茎长根的地方与土壤直接接触，有利于扎根。一般一级子苗固定在离母株30cm处的一侧，二级子苗固定在距离一级子苗10cm处的外侧，以此类推，使同级子苗在一条直线上，便于鉴别，同时保证每株子苗有一定的营养面积。根据母株的生长状况，每株选留8~12条匍匐茎，每条匍匐茎上选留3~4株子苗。

小技巧

（1）正确掌握压茎深度　用育苗卡对草莓子苗进行压茎，即使子苗的根茎部与土壤接触，轻轻固定在土壤上即可，不用将子苗插入土壤过深，也不要让子苗与土壤之间留有空隙，留有空隙会造成子苗不易生根，而插入土壤过深易将草莓芯埋住，造成子苗死亡或根茎部腐烂。

（2）土块压苗简单方便　对草莓子苗进行压茎也可以不用专业育苗卡，可以用土块代替。用土块进行压茎时不要将土块放在草莓子苗上，要放在子苗前端的匍匐茎上，距离子苗5cm左右，让子苗直立、根茎部与土壤接触即可。

5. 去除子苗的老叶

对于抽生较早的匍匐茎苗，底部叶片变厚、变硬、变黄、老化，抗性降低，易感染病害，此时应及时摘除老叶，刺激新叶长出，促进新根发生，以减少匍匐茎苗的老化程度，保持功能叶片4~5片较为适宜。不同种苗生长情况去老叶的方法如下：

1）对于徒长苗，要及时去掉较大叶片和相互遮阴的叶片，加强通风透光，防止徒长。或者剪掉叶片的1/2，保留叶柄，这样也能有效地防止子苗继续徒长。

2）在7月底，草莓出圃前，此时子苗比较多、密，容易郁闭，可将子苗进行去老叶，只留1叶1芯，避免郁闭和病虫害的发生。

3）在7月底~8月初，可将草莓母株铲除，加强通风透光，为子苗的生长提供充足的空间，促进子苗长壮。

6. 断茎

在子苗长出4~5片叶以后，可切断与母株连接的匍匐茎，这样有利于幼苗的独立生长。

【注意】 断茎过早，子苗无法获得充足的养分，一般是在三级匍匐茎固定时，将母株与一级子苗的匍匐茎切断。当三级匍匐茎扎根后，就要把四级及以后的匍匐茎都切断，因为四级以后的匍匐茎到8月底~9月初基本无法形成商品苗了，要及时去除，避免营养浪费。

十 养分管理

1. 追肥结合灌水进行

在草莓匍匐茎大量发生期，主要通过追施速效性肥料来及时补充草莓植株所需要的养分，结合滴灌用压差式施肥罐把肥料注入滴灌带里施入。肥料可采用速溶冲施肥，每亩施用3kg。施肥时，要先浇一会儿清水，然后开始冲施肥料，在施肥罐里的肥料冲完后，要继续滴灌一段时间，用清水把滴灌带里的肥料冲出去，避免滴灌带里有残留肥料腐蚀管壁，堵塞滴灌带的水眼。

【提示】 当出二级子苗时，在距离母株15~20cm处，每株母株穴施氮、磷、钾比例为15:15:15的三元复合肥15g，及时覆土。如果草莓母株的叶片很薄，要叶面追施氨基酸钾，促进叶片增厚，防止植株徒长。

2. 追施肥料的选择

4~5月主要以培育健壮母株为主，所以应以高氮的肥料为主；中期大量幼苗形成，施用氮、磷、钾比例为20:20:20的水溶肥，到

7月下旬，7~10天施肥1次；后期匍匐茎大量发生时期，以高磷钾的肥料为主。肥料需要同时含有各种微量元素，避免草莓苗生长中出现缺素情况，影响其生长。

【提示】 露地育苗尽可能使用滴灌，尽量不使用喷灌，但可以采用微喷，因为大喷灌易产生炭疽病，水滴反溅到叶面上易造成炭疽病病菌的传播，使病害大面积发生。

十一 植保措施

在育苗初期整地施肥时可加入硫黄粉，进行杀菌、调酸，每亩加入硫黄粉30~40kg，对土壤的调酸和杀菌作用良好。

在整地施肥时还可加入3%的辛硫磷颗粒剂，撒施，每亩的用量为8kg左右，可有效地杀灭育苗田中的蛴螬、金针虫、蝼蛄和地老虎等多种害虫。

十二 起苗

起苗时间一般在8月底~9月初。起苗前2~3天，喷施广谱药剂防治草莓病虫害，避免草莓苗带病、虫进入温室。起苗时应注意保护根系，防止受伤。子苗按照一级子苗、二级子苗的顺序，或者不同质量标准，如根系数量、新茎粗、叶片数量等，扎成一定数量（50株或100株）的捆，大苗与小苗分开种植便于后期的管理。在草莓苗分级过程中，要遵循大小相对分级，不是一个固定的标准。对于草莓苗的分级一般分为A、B、C 3个等级。A级标准：新茎粗1cm以上，4叶1芯，10cm长的主根10条以上；B级标准：新茎粗0.8cm以上，3叶1芯，8cm长的主根8条以上；C级标准：新茎粗0.6cm以上，3叶1芯，6cm长的主根6条以上。新茎粗小于0.4cm的草莓植株不适宜在温室中促成栽培。起苗后用塑料袋护住草莓的根系或装在纸箱中，有条件的地方，可以先行预冷后用冷藏车进行运输，避免草莓内热而降低定植成活率。起苗和运输过程均需注意避免草莓根系的水分散失，防止根系老化。

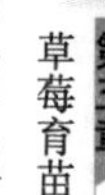

【提示】

1）远距离运输时，先将草莓根系蘸一下泥浆（用略沙性泥浆），蘸完后再用塑料袋套住根系，冷藏运输。这样可以避免草莓根系在运输过程中失水萎蔫。

2）为了便于运输，可以将种苗的所有叶片去掉，保留15～20cm长的叶柄，减少运输过程中呼吸和蒸腾作用，可保持水分和避免起热。为了种苗标准化，可以将多余的根系去掉，保留15cm左右。

3）起苗时间尽可能选择凌晨开始，到9：00结束，避免高温期间起苗，起苗量大的话可以在16：30以后进行，以保证草莓苗被起出后不经历高温即定植到温室中。

4）起出来的草莓苗不要堆放，防止起热烧苗。有条件的地方，尽可能把草莓苗成捆地放入流动水中，可以及时散掉草莓苗的田间热。没有条件的地方可以搭遮阳网，以及挖宽1.5m、深20cm的平畦，然后将草莓苗摆入畦内，保持根微露，然后向畦内注水，保持根系湿润。

5）起苗后快速定植。现在多是种植户和育苗企业预定种苗，在起苗前，种植户就做好了整地做畦、洇畦、遮阴等准备工作，之后再进行起苗工作，以便起出的草莓苗可以及时定植。

十三 露地育苗方式改良

露地基质栽培做畦的其他操作与前两种栽培相同，畦面宽1.5m，草莓母株双行栽培。在畦面中间挖两条宽20cm、深20cm的沟，两条沟相距30cm，然后将两条沟内装入基质，并且基质以高于畦面5cm左右为宜，留出浇水后基质下沉的余量。每畦铺设2条滴灌带。基质栽培将草莓母株栽培在基质中，改善了母株的根际环境，在母株的缓苗速度、避免土传病害发生和母株长势方面都比前两种栽培模式有优势。

第四节　避雨育苗

保护地避雨育苗的措施可有效避免夏季雨水对种苗的冲击，并可减少土传病害的发生。草莓种苗健壮，缓苗期短，成活率高。利用避雨基质育苗能有效减少种苗苗期病害，提高繁苗系数，单株繁苗系数最高可达70株；既可以形成壮苗，使花芽分化整齐，又可以促使草莓果实较露地常规育苗生产提前上市。

草莓避雨育苗按照栽培模式的不同可分为避雨平畦育苗、避雨高畦育苗和避雨高架育苗；按照草莓母株栽培介质的不同可以分为避雨土壤育苗和避雨基质育苗（见彩图4）。

一　场地选择与棚室准备

1. 场地选择

与露地育苗一样，避雨育苗的场地选择也非常重要，首先就是场地高燥无积水，种植地四周没有大型建筑和遮阴物，以及通风透光较好、远离垃圾场等。从种植栽培上来说，要选择阳光充足、灌水与排水方便、土壤肥沃、远离病源的地区。所以，选择的场地必须宽敞明亮，如果是坡地就选择南北向坡地，东西向稍差。水也是一个重要的因素，场地必须离水源较近，在干旱季节要保证有灌溉水源，在低洼地区要深挖排水沟，避免雨季园地被淹。

2. 棚室准备

草莓避雨育苗要求大棚通风、透光，棚外整洁无杂草。大棚四周应挖有排水沟，防止夏季大雨倒灌进入大棚，对草莓种苗的生长造成不良影响。有条件的园区还可以安装自动开关风口设施，即在棚室内安装温湿度感应器，另一端与计算机连接，当温度高于设置温度时，开关风口装置即开启风口，当棚内温度低于设置的最低温度时，开关风口装置即关闭风口。这种开关风口设施便于精准化管理、省工，但前期设备投入稍大（见彩图5）。

二　土壤消毒

育苗前要对大棚中的土壤进行消毒。可以选择棉隆、氯化苦等药剂来消毒，也可以使用臭氧消毒技术。在繁育前进行土壤消毒，

不仅可以杀灭土壤中大量的致病微生物和病虫，还可以杀死土壤中的杂草种子，为草莓健康成长提供一个良好的土壤环境。在铺撒好稻草、麦秸、玉米秸和石灰氮的土壤上，用旋耕机深翻2遍，把稻草、麦秸、玉米秸、石灰氮和土壤搅拌均匀，保证棚室内的土壤疏松（见彩图6）。也可封住棚室的所有出气口，用棚膜与地面覆盖进行双层覆盖，严格保持棚室的密闭性，在这样的条件下处理，地表下10cm处最高地温可达60℃，20cm处的地温可长时间维持在40～50℃，这样高的地温可使杀菌率达80%以上（见彩图7）。土壤消毒之后要深翻，晾晒通风7～10天，使土壤充分曝气，避免土壤消毒残存的有毒气体使草莓母株生长不良，造成死苗。消毒方法见露地育苗土壤消毒。草莓进行避雨育苗时，在进入4月后，大棚内由于高温和不断浇水，易造成杂草生长，对土壤进行化学消毒是防除杂草的主要方式之一。

三 整地做畦

1. 避雨平畦育苗整地做畦

采用避雨平畦的方式育苗，将整个棚室的地面深翻30cm，耙平，不起垄。平畦栽培适宜于排灌良好、透水性好、完全不会积水的土壤。由于草莓苗种植的位置没有高出地面，所以在浇水过多或大雨倒灌入棚时，容易遭水浸泡。近年来，避雨平畦育苗的应用有减少的趋势。

2. 避雨高畦育苗整地做畦

采用避雨高畦的方式育苗，可以将棚内的土壤深翻30cm后，做南北向高畦，畦面宽1.2～1.5m、高30cm。做畦开沟的土铺在畦面上，中间略高，这样能避免浇水后畦面中间下陷积水。

四 选择优良母株

要培育健壮的草莓苗，首先要选择优良母株，对草莓母株的选择标准参照露地育苗优良母株的选择。

五 定植母株

1. 定植时间

北京地区避雨育苗在2月底～3月初进行草莓母株的定植工作。

草莓母株生长时间的长短和生长强弱直接影响草莓繁苗的质量和数量。因此，培育健壮的草莓母株是关键。

【提示】 培育健壮的草莓母株见露地育苗培育健壮草莓母株的三种方法。草莓母株的数量按照多出定植量20%来计，定植后将剩余的苗种在营养钵里，以备补苗使用。

2. 定植准备

（1）铺设滴灌带 定植之前要在母株定植畦上铺设滴灌带，每畦双行种植的最好铺设2行滴灌带，滴水孔间距选择比较小的，滴水均匀。

（2）洇畦 无论是平畦栽培还是高畦栽培，在定植前2~3天都要进行洇畦，保证土壤充分湿润，并且“湿而不黏”。

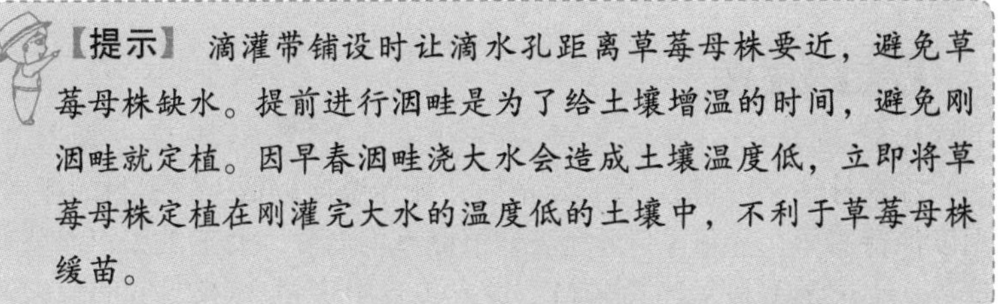

【提示】 滴灌带铺设时让滴水孔距离草莓母株要近，避免草莓母株缺水。提前进行洇畦是为了给土壤增温的时间，避免刚洇畦就定植。因早春洇畦浇大水会造成土壤温度低，立即将草莓母株定植在刚灌完大水的温度低的土壤中，不利于草莓母株缓苗。

（3）修剪母株 将要定植的草莓母株的老叶、病叶、残叶用剪子剪掉，叶柄留10cm左右，每株保留4~5片功能叶。

（4）摆母株 按照株距40cm把草莓母株摆放在草莓畦上，每畦双行，两行互相错开摆放。欧美品种的匍匐茎抽生能力强，栽植密度可稍小；日系品种的匍匐茎抽生能力不强，可加大草莓母株栽培的密度。

3. 定植

母株定植之前应注意根系保湿，防止定植操作时伤根严重。生产上现多采用基质栽培母株，先用花铲在畦上两侧（距畦面中心20cm）挖和营养钵一样大的定植穴，把草莓从营养钵里取出来，然后放到定植穴里，用土把定植穴的缝隙填满，如果是基质栽培的就用基质把定植穴的缝隙填满。让草莓的土坨面（基质坨面）和旁边畦面一样平，切不可定植过深，把草莓母株的芯叶埋住。栽植深度

以“深不埋芯，浅不露根”为准。

草莓母株缓苗后，母株周围的土壤或基质会因浇水而下陷，要及时培土，将草莓母株露出土壤或基质的根系埋住，避免其“跳根”死亡。

定植后发现死苗时要及时补苗，非常弱的苗可以在弱苗旁边贴种一株，不要等弱苗完全死了再补苗，这样容易造成草莓母株长势不一致。补苗位置选择在滴孔附近，草莓母株单行种植的，株距可以定为30cm。补苗可以选择17：00以后进行，避免高温时间补苗造成成活率低。

【注意】 之前用剪子修剪的老叶叶柄要进行去除，去除时一只手扶住母株，另一只手拽住老叶叶柄拽下。避免拽动草莓母株根系，容易造成母株死亡。

六 温度管理

1. 定植后的一般温度管理

在3月底~4月初，母株定植后，外界温度较低，注意封闭棚室，温度保持28℃，靠顶风口开闭来调节棚室内温度，大于28℃可打开顶风口，小于24℃可关闭顶风口。进入4月中下旬，可以关闭顶风口，打开塑料大棚东西两侧下部的薄膜，撤下南北门两边的薄膜，加强通风。没有大雨、大风等恶劣天气的情况下就保持打开状态。

2. 后期高温阶段的管理

北京地区进入5月后，光照明显增强，温度升高，为了避免高温强光伤害，要对草莓育苗棚室进行遮光降温处理，使棚室内的温度和光照强度适合草莓苗的生长。

【提示】

1）对于棚温稍低的管理，可在定植后用水管浇足定植水，而不用滴灌。与滴灌相比，用水管浇定植水对母株周围土壤的冲击力变大，能封闭住表面土壤的孔隙，减少热交换，利于土壤的保温、保湿，也利于母株缓苗。

2）对于棚温非常低且母株缓苗慢的管理，可先给母株浇足定植水，然后在母株上方加一层塑料薄膜，薄膜两边用土压严实，避免土壤水分蒸发和空气流动的热交换，起了简易二层幕的作用。覆盖简易二层幕后对温度极低的棚室草莓母株缓苗非常有用（见彩图8）。

3. 对草莓育苗大棚进行遮阳降温

对草莓育苗大棚进行遮阳降温的主要方式有：

1）遮阳网内遮阳（见彩图9）：用遮阳网进行内遮阳就是把遮阳网悬挂在棚室内部进行遮阳。从使用情况看，此种方式效果不佳。这是由于阳光穿透棚膜后在棚内上部聚集了大量的热量，使大棚内部的温度呈现分布不均匀现象。越靠近棚室顶部温度越高，虽然打开侧风口和采用内遮阳可以降低温度，但始终还有许多热量散发不出去，使棚室内部温度很高。

2）遮阳网外遮阳：遮阳网外遮阳是将遮阳网挂于大棚外进行遮阳的方式。这种方式阻挡了大部分阳光进入棚室，直接减弱了直射光和散射光进入棚室的量，有效地减少辐射热，因此外遮阳的效果好于内遮阳。采取支架外遮阳时，因其遮阳网和棚膜之间有足够的空间能让空气流通散热，比遮阳网直接盖在棚膜上的方式降温效果更好（见彩图10）。但对于那些棚室较高的设施，采用外遮阳方式比较困难，在北京春季有大风的情况下，遮阳网很容易被刮坏、刮掉，不建议采用外遮阳这种方式，可以采用遮阳涂层降温的方法。草莓育苗上用的遮阳网的遮光率通常在60%以上，外遮阳情况下可降低棚室内的温度3～5℃。

3）遮阳涂层降温：在大棚棚膜外喷涂专业的遮阳降温涂料，阻止有效辐射进入棚室内部，从而达到降温的目的。不同涂层浓度的遮光率和降温效果不同。此种方法具有遮光率可控、一次喷涂可持续遮阳及受外界恶劣天气影响小等特点，但原料成本稍高，如利索、立凉等（见彩图11）。利索是为温室、大棚特别研制的专业遮阳降温产品，可轻而易举地被喷洒在各种温室表面，形成极好的白色涂层，反射阳光和阻隔大量热量，同时将进入温室的直射光转为对作物有益的漫射光，均匀地照射在作物上，对作物的生长十分有利。

遮阳率根据涂层厚度不同可达23%~82%，降温5~12℃。耐雨水和紫外线辐射冲刷，一次喷涂，整个季节都可持续有效。利索可随使用时间而自然降解。如需提前去除利索，也可使用其配套产品立可宁简单、快速地将利索清除干净，同时彻底清洁温室大棚表面，增加秋冬两季温室大棚的透光率。

4）泥子粉或稀泥浆：在雨季来临之前或降雨较少的地方可以用泥子粉或稀泥浆进行遮阳降温。具体做法是将泥子粉调成稀浆或用稀泥浆涂于棚膜外进行遮阳，这种方式原料成本低，但雨水冲刷后需要重新涂，人工成本增加。如果用防水泥子粉喷涂，效果更好。

七 水分管理

草莓匍匐茎的发生量与土壤水分的多少有关。草莓避雨育苗中水分管理分为以下阶段来进行：

（1）定植后 草莓避雨育苗中，不论是平畦育苗，还是高畦育苗，在母株定植后都要浇足定植水，促进缓苗，利于根际保温。

（2）缓苗后 母株缓苗后，由于气温还较低，蒸发量不大，根据墒情确定浇水量，浇水不宜时间过长，防止土壤温度降低影响母株根系生长。浇水时间尽量在晴天上午，避免造成根际温度过低。

（3）抽生匍匐茎时期 种苗抽生匍匐茎以后，需水量变大，可每天上午滴灌1次，每次20~30min，根据天气情况，可适当增加每次的滴灌时间或增加滴灌次数。如果下午蒸发量大，发现缺水，还要再次灌水。

（4）子苗发生后 子苗发生后要给子苗铺设滴灌带，经常灌水，使土壤湿润，这样有利于子苗扎根。进入8月后，适当控制土壤中水分的含量，以利于花芽分化。但不要使子苗严重缺水，以免影响后期生长。一般在压苗后开始滴灌，6月每天浇水1~2次，分别于9：00、11：00开始滴灌，每次3~5min；7~8月每天浇水2~3次，分别于8：00、10：00、14：00开始滴灌，每次3~5min。每月用水管从子苗上方浇水1次。如果采用人工浇水，可根据基质的湿润状态每1~2天浇水1次，水要浇透。

【提示】 滴灌带尽量选择滴孔间距比较小的，因为灌水比较均匀，利于草莓生长。如果选择滴孔间距较大的滴灌带，灌水不均匀，夏季温度高且蒸发量大时，基质较干，容易引发病害。

八 肥料管理

1. 基肥

采用平畦基质栽培和高畦基质栽培，将有机肥和基质按照每立方米基质中加入15kg商品有机肥的比例均匀混合，再装填至栽培槽里。混合基质压实后，高度高于栽培槽2cm。装填完成后，将母株栽植在基质中。根据多年生产经验，采用以上比例，子苗发生数量最多，而且不影响母株的存活率。

2. 追肥

对母株和子苗的追肥都通过滴灌结合浇水进行。在草莓匍匐茎大量发生期，主要通过追施速效性肥料来及时补充草莓植株所需要的养分。肥料选择上可采用低氮、高磷、高钾的水溶肥，有助于子苗发生量的增加，并且在子苗茎粗、子苗长势方面均比其他配比效果好。水溶肥中还要含有钙、镁、铁、锰、硼、锌、铜、钼等中微量元素症，防止草莓苗发生缺素症，影响生长。追肥施用量为每亩施用3kg/次，根据长势和子苗发生量，可7～10天施用1次。进入8月后，减少氮肥的施用，有利于草莓的花芽分化。在起苗前4～5天，进行1次追肥，3kg/亩，有利于根系发育，促进定植成活。

【提示】 匍匐茎大量发生后，每隔15天叶面喷施0.2%的磷酸二氢钾溶液1次，补充根际营养。

九 中耕除草

中耕除草是草莓育苗最费工的一项工作，整个草莓育苗时期要经常除草，不仅费工也容易铲除草莓匍匐茎，影响草莓繁苗的数量，如何最有效地除草是草莓育苗成败的关键。具体的除草方法见露地育苗除草方法。

十 植株调整

1. 去除花序

早春定植后，无论是原来的钵苗还是冷藏苗，无论采取哪种栽培方式，都会抽生花序，必须及时将花序全部摘除，以减少营养消耗，利于草莓母株的生长和子苗的抽生。从节约养分上来看，及时摘除花序是最合理、最有效的方式（见彩图12）。

2. 去除母株老叶

在草莓母株的整个生长期间，随着新叶的不断长出，先长出的叶片不断衰老，因此要经常摘除老叶、病叶，既能减少养分消耗，又能通风透光，减少病虫害的发生。去掉的老叶要集中到空旷的地带烧毁或集中处理，以防治病虫害的蔓延。

【注意】 到了7月底~8月初，为了防止郁闭，可给草莓母株"剃头"，即将草莓母株的叶片用剪子剪掉，只留1~2片芯叶。

3. 去除子苗老叶

对于抽生较早的匍匐茎苗，底部叶片变厚、变硬、变黄、老化，抗性降低，易感染病害，及时摘除老叶，刺激新叶长出，促发新根，以减少苗的老化程度。保持功能叶片4~5片较为适宜。要防止郁闭，可去除草莓母株和剪掉子苗叶片，详细方法见露地育苗中的相关内容。

十一 子苗管理

1. 选留、梳理匍匐茎

当草莓母株抽生匍匐茎以后，选留粗壮的匍匐茎，及时去除细弱的匍匐茎。对于新抽生的匍匐茎，应及时将其摆到草莓母株旁边并理顺，先不用育苗卡固定，即不让其生根。将子苗摆在母株旁边是避免子苗伸到黑色地膜上，在晴天时黑色地膜上的温度很高，匍匐茎搭在上面很容易被烫伤然后枯死。

2. 裸根苗压苗

如果是栽培裸根苗，在二级子苗抽生2~3片叶时，再将黑色地膜向外收缩，将一级子苗用专用工具（育苗卡）在子苗长出根系的后面把匍匐茎固定住，让匍匐茎长根的地方与土壤直接接触，有利于扎根。一级子苗固定的位置在草莓母株两侧各 10cm 的位置，为草莓母株生长留出空间，避免子苗距离母株太近，产生郁闭，并且容易发生病害。尽量不要在一级子苗刚刚抽生时就进行压苗，这样会使子苗马上扎根，让子苗整个生长时间过长，苗龄长，最后起苗时子苗老化，栽培中生长表现不佳。二级子苗在一级子苗的外侧 10cm 处进行压苗，时间是三级子苗长出 2 ~3 片叶的时候，三级子苗在二级子苗的外侧，压苗时间选择在四级子苗长出 2 ~3 片叶的时候，依次类推。这样保证同一级子苗在一条线上，方便起苗时操作。并且每株子苗都有一定的营养面积，保证其通风受光良好。根据母株的生长状况，每株选留 6 ~8 条匍匐茎，每条匍匐茎上选留 4 ~5 株子苗。

十二 起苗

起苗时间一般在 8 月底 ~9 月初。起苗前 2 ~3 天，喷施广谱性药剂防治草莓病虫害，避免带病、虫进入棚室。起苗时应注意保护根系，防止受伤。子苗按照一级子苗、二级子苗等或不同质量标准，如根系数量、新茎粗、叶片数量等，扎成一定数量（50 株或 100 株）的捆，用塑料袋包裹住根系，或者整捆装在纸箱中。有条件的地方，可以先行预冷后用冷藏车进行运输，避免草莓内热而降低定植成活率。起苗和运输过程均需注意避免草莓根系的水分散失，防止根系老化。草莓种苗的分级标准和运输过程中的根系保湿、降低呼吸作用见露地育苗的起苗部分。

十三 避雨育苗改良方式

1. 避雨平畦育苗改良方式

在生产过程中，不断对传统的平畦育苗进行改良，即将草莓母株栽培在基质中，其有两种方式：一种是直接在地面上南北向开沟栽培母株；另外一种是在地面上南北向开沟，沟宽 30cm、深 30cm，沟内装填基质，将母株栽培在基质上，即避雨平畦基质育苗。一栋大棚内可做 5 ~8 畦，畦面宽 1 ~1.5m。根据计划选择不同的栽培密度和单双行并确定畦面的宽度。将母株栽培在基质中，还有另外一种做畦方式，即将棚内土地耙平压实后，在棚内用砖摆成宽 20cm、高 12cm 的南北

向基质槽，每个棚等距摆 6 个基质槽。在槽内装填基质，装填高度以高出槽成圆弧状为宜，留出浇水后基质下沉的余量。用基质栽培母株可有效地改善草莓母株的根际环境，减轻土传病害的发生。

2. 避雨高畦育苗改良方式

避雨高畦基质栽培与避雨高畦栽培相同，做成宽 1.5m 的畦面，沟深 30cm，在畦面中间挖两条宽 20cm、深 20cm 的沟，两条沟相距 30cm，然后将两条沟内装入基质，并且基质高于畦面 5cm 左右，留出浇水后基质下沉的余量。避雨高畦基质栽培将母株栽培在基质中，除了具有高畦栽培的特点外，还能避免土传病害的发生，提高母株的缓苗率，促进母株长势。

【注意】

1）混匀基质的时候，一边洒水一边混匀，这样混出来的基质不至于太干，避免装填后的基质太干，浇水后直接从两边下渗，基质不好浇透。混匀基质时加水，使基质的含水量达到 60%。

2）装填基质时注意压实，基质面呈弧形稍高于土面或基质槽，这样可避免浇水后基质下沉亏欠。

3. 采用基质槽承接子苗

子苗采用基质槽栽培的，草莓母株缓苗后，结合给草莓母株培土，将草莓畦整理平整，然后铺设黑色地膜防除杂草、保墒。草莓母株抽生匍匐茎以后，及时将子苗理顺摆放到母株两侧，不要放在黑色地膜上，防止灼伤。在距离母株两侧 10cm 的位置开始摆放，每畦母株两侧各摆放 4 行基质槽，每行挨着摆放。摆放完成后向子苗基质槽内装填基质。基质可以选择商品基质，也可以用草炭、蛭石和珍珠岩，按 2∶1∶1 的体积比混匀，每立方米基质加入 15kg 商品有机肥一起混匀。装填基质时，基质面可稍高于基质槽的上边，留出一点浇水后下沉的余量，但要注意以下几点：

1）子苗基质槽不要过早放入育苗棚内，子苗基质槽在棚内长时间高温容易老化。更不要过早地将子苗基质槽进棚后装填基质，基质在育苗棚内长时间经历高温，易发生红蜘蛛。5 月将子苗基质槽放入棚内并装填基质。

2）混匀基质时要一边混匀一边洒水，避免基质混合后太干。装入基质槽后浇水不易浇透，水从基质槽两边流出，而中间的基质仍然较干。

3）子苗采用基质槽栽培的，比土壤栽培要更晚进行压苗，因其比土壤栽培扎根和生长更快。采用子苗基质栽培的，可以在二级子苗长到4～5片叶时将一级子苗用育苗卡压在离母株最近的子苗基质槽内，每株距离10cm，二级子苗在三级子苗长到4～5片叶时进行压苗，将其压在母株两侧第二行子苗基质槽内，每株距离5～6cm，依次类推（见彩图13）。

第五节　避雨高架育苗

避雨高架育苗是指子苗槽水平放置在草莓母株栽培槽的两侧，按其模式可分为苗床育苗（见彩图14）和A形架育苗（见彩图15）。A形架育苗是子苗栽培槽由草莓母株栽培槽两侧由上至下成阶梯式分层放置，整个育苗栽培架呈A形。

避雨高架育苗与传统地栽育苗相比，空间利用率有所提高；育苗架安装简单，耐大棚和温室内的高温与高湿环境，使用寿命长；改善了通风透光环境，子苗生长环境好，成苗后质量好；单位面积育苗产量比普通育苗有很大的提高；高架培育的草莓苗具有缓苗快、成活率高、花芽分化早、上市期提前等特点；高架育苗可实施水肥一体化精准控制，节水节肥，减少劳动者弯腰操作次数，提高劳动效率。

一　避雨苗床育苗

1. 场地选择与棚室准备

育苗地的选择首先是场地高燥无积水，必须离水源较近，在干旱季节要保证有灌溉水源，在低洼地区要深挖排水沟，避免雨季园地被淹。另外，风口地段也不适合作为育苗地。

2. 棚室准备

（1）地面准备　首先平整棚内土地，将土压实，然后铺设黑色地膜或园艺地布，使棚内干净整洁，并且有利于降低棚内湿度。一

般选择园艺地布，结实耐用，可重复使用。

(2) 苗床准备 在铺好园艺地布的地面上直接摆放栽培架，栽培苗床距离地面高1m、宽1.5m，母株栽培槽摆放在栽培苗床中央，栽培苗床在50m×8m的大棚中南北向摆放，摆放3排。母株栽培槽为上底宽35cm、下底宽23cm、高18cm、长80cm的泡沫材质倒梯形栽培槽，底部扎有孔，便于透水和透气，防止栽培时沤根。

(3) 母株栽培槽装填基质 栽培基质采用商品基质或把草炭、蛭石、珍珠岩按照2:1:1的体积比均匀混合作为栽培基质。

由于灌溉水温度过低，如果灌溉后直接进行定植，不仅容易导致草莓母株根系温度过低，还会使基质水分过大，容易沤根，不利于缓苗。定植前1~2天将母株栽培槽内的基质提前洇湿，能有效避免上述问题，提高缓苗率。注意要将栽培槽内的基质全部洇透，避免有的部分还是干燥基质，定植时影响成活率。

【提示】 每立方米混合基质可加入15kg优质商品有机肥，均匀混合作为底肥，这个底肥量不仅不会对草莓定植成活率产生影响，并且有利于草莓母株生长和抽生匍匐茎。

3. 选择优良母株

优良母株的特点可概括为品种纯正、根系发达、无病虫害。选用根系发达、茎粗达到1.0~1.2cm、保留4~5片叶的脱毒原种一代苗作为母株。

4. 定植母株

采用避雨高架育苗时草莓母株的定植时间选在每年2月中旬~3月上旬，大棚内平均气温超过12℃时进行。定植株距在20~25cm，由草莓品种繁殖系数决定，繁殖系数高的栽培密度稍小，繁殖系数低的栽培密度稍大。一般在实际生产中，避雨高架育苗每个栽培槽内定植5株，采用“2+3”的双行栽培模式。栽培槽南北向首尾依次摆放成一列，相邻栽培槽按照“2+3”和“3+2”的顺序交替摆放，保证两行株数相同。每栋50m×8m的大棚内定植900株草莓母株。

【提示】 培育健壮母株采取提前定植的方式，育苗的前一年9月中下旬，将草莓母株定植于架式基质栽培槽内，11月初灌防冻水，然后覆膜越冬。定植后，前期2天浇水1次，后期3天浇水1次。

5. 温度管理

（1）定植初期的温度管理 草莓母株定植初期，棚内温度仍然较低，要防止草莓母株遭遇低温伤害，主要包括根际低温和地上部植株感受低温。防止根际低温主要是定植初期一次性浇水量要小，定植泅畦后也要将基质晒1～2天，基质温度稍有回升后再定植草莓母株，在基质保持一定湿度的情况下，定植水也不要浇太多，避免太多水分降低根际温度。

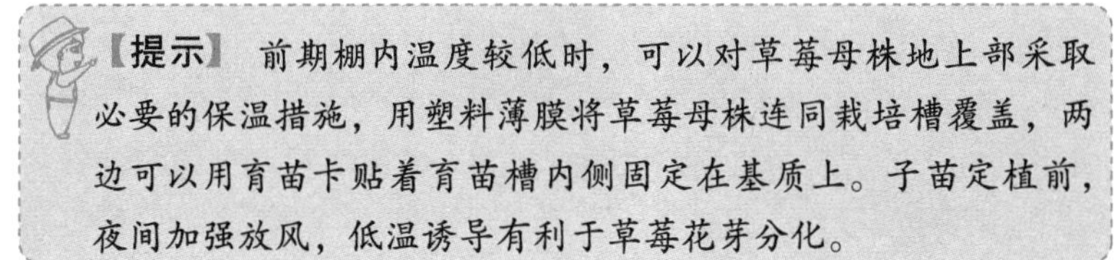

【提示】 前期棚内温度较低时，可以对草莓母株地上部采取必要的保温措施，用塑料薄膜将草莓母株连同栽培槽覆盖，两边可以用育苗卡贴着育苗槽内侧固定在基质上。子苗定植前，夜间加强放风，低温诱导有利于草莓花芽分化。

（2）定植后的一般温度管理 3月底～4月初，母株定植后，外界温度较低，注意封闭棚室，温度保持在28℃，靠顶风口开闭来调节棚室内温度，高于28℃可打开顶风口，低于24℃关闭顶风口。进入4月中下旬，可以关闭顶风口，打开塑料大棚东西两侧下部的薄膜，撤下南北门两边的薄膜，加强通风。没有大雨和大风等恶劣天气的情况下就保持打开状态。

（3）后期高温阶段的管理 北京地区进入5月后，光照明显增强，温度升高，为了避免高温强光伤害，要对草莓育苗棚室进行遮光降温处理，使棚室内的温度和光照强度适合草莓苗生长。遮阳方法的选择见避雨育苗中几种遮阳降温方法。7～8月温度高于35℃时在连栋棚室进行育苗的，需要开湿帘和风机降温或在育苗棚外喷水降温。

6. 水分管理

草莓根系分布在母株栽培槽空间内，可伸展面积及吸收水分和

营养的空间有限，育苗后期因高温地上部蒸腾作用强。因此，随着生长量的加大，必须加强水肥管理，小水勤浇，合理施底肥和追肥，使植株健壮，增强抗逆性。

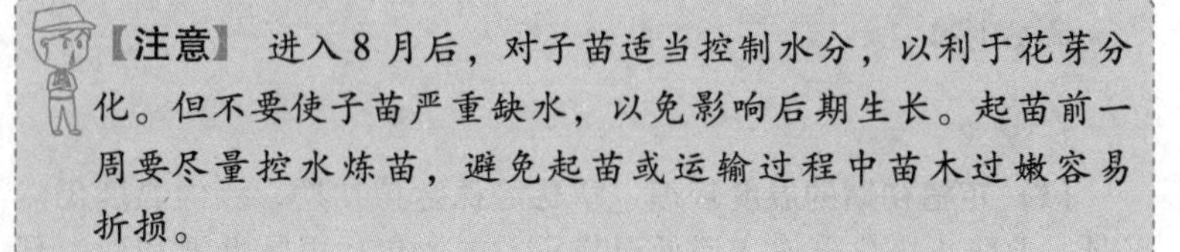

【注意】 进入8月后，对子苗适当控制水分，以利于花芽分化。但不要使子苗严重缺水，以免影响后期生长。起苗前一周要尽量控水炼苗，避免起苗或运输过程中苗木过嫩容易折损。

7. 子苗管理

当草莓母株抽生匍匐茎以后，选留粗壮的匍匐茎，及时去除细弱的匍匐茎。新抽生的匍匐茎应及时将其沿草莓母株栽培槽理顺，先不用育苗卡固定，即不让其生根。如果过早地将草莓子苗进行压茎处理，使其生根，到起苗时，子苗生长时间过长，根系容易老化发黑，栽培中生长表现不佳。所以，要控制子苗根系的生长时间，以45～60天为宜。子苗槽的进棚时间和子苗槽基质的装填时间及管理同避雨育苗一致。

8. 肥料管理

对母株和子苗的追肥都通过滴灌结合浇水进行。在草莓匍匐茎大量发生期，主要通过追施速效性肥料来及时补充草莓植株所需要的养分。

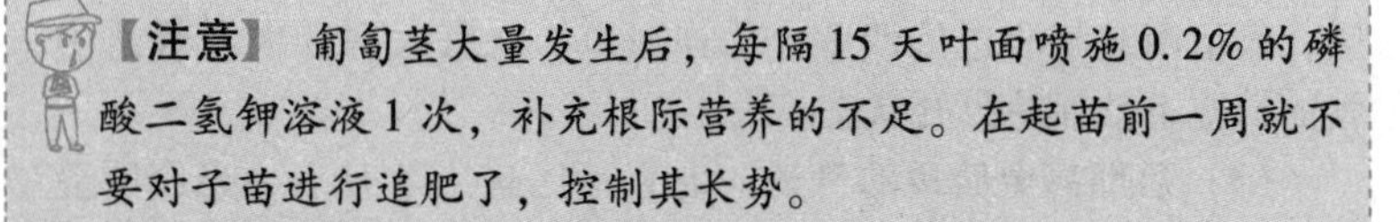

【注意】 匍匐茎大量发生后，每隔15天叶面喷施0.2%的磷酸二氢钾溶液1次，补充根际营养的不足。在起苗前一周就不要对子苗进行追肥了，控制其长势。

9. 起苗

起苗的方法见避雨育苗中的起苗部分。

二 A形高架育苗

A形高架育苗栽培架呈A字形，也是摆放在铺好的黑色园艺地布上，栽培架高1.4m、宽1m，上下共分5层，最上层为母株栽培槽，槽高20cm，长100cm，呈倒梯形，两侧分别排放4层子苗栽培槽，子苗栽培槽的下底宽8cm、上底宽10cm、高10cm、长100cm，底部扎有3个透气孔，便于栽培中基质透水与透气。在50m×8m的大棚内，可以南北向摆放4组栽培架，每组栽培架间距80cm，共需要子苗栽培槽1600个，母株栽培槽200个（见彩图16）。

【注意】 整个栽培架不要设计太高，高度在1.4m左右，避免由于太高造成对母株采取栽培措施的时候不好操作。

第六节 高山育苗

一 草莓高山育苗的概念

草莓高山育苗是根据海拔每上升100m，空气温度就相应下降0.6℃这一自然规律，利用高山上的冷凉条件，促进草莓花芽提早分化或提前解除休眠的育苗方法。

常规的草莓高山育苗选择海拔800m以上的地区进行，海拔越高，温度降低越明显，越有利于草莓的花芽分化提早完成，使草莓的定植期、始收期均提前，从而提升草莓种植户的早期收益；高山育苗还可增加产量，由于高山气候冷凉、空气干燥，所繁育的子苗病害轻，降低生产成本，变相地增加收益。

二 影响高山育苗效果的因素

草莓匍匐茎的发生数量受品种自身遗传因素、日照时数、低温积累量及栽培管理等因素影响很大。

三 苗地选择

草莓高山育苗宜选择海拔在800m以上，交通便利、水源充足、地势平坦、土壤疏松、有机质丰富、光照充足、背风的沙壤土地块进行。

四 育苗方法

高山育苗的育苗方式也分为两种：高山露地育苗和高山避雨育苗。其育苗的基本程序和方法基本与前面所讲的露地育苗和避雨育

苗相同，但高山育苗还需要注意以下方面：

1. 母株复壮

高海拔冷凉地区温度偏低，草莓母株的生长量没有平原地区大，因此在定植之前要进行草莓母株复壮工作。母株复壮见本章“第三节　露地育苗”中的“小技巧”。

2. 防寒

因高山育苗是将草莓母株栽培在高海拔冷凉地区进行育苗，因此，定植初期防寒保温至关重要。对于高山露地育苗，可以为草莓母株覆盖塑料薄膜，两边用土压严，避免土壤中的水分蒸发吸热，以及土壤内空气和草莓苗周围空气与外界对流散热。对于高山避雨育苗，也可以用相同的方法，用薄膜覆盖草莓母株，起到简易二层幕的作用，防寒保温的效果很好。

3. 防风

我国北方4月正是大风季节，尤其清明前后风很大，温度也很高，很容易出现干热风，这对刚定植的草莓种苗危害很大，很容易造成种苗枯死，严重的会形成缺苗断垄的现象。为此，一般在定植草莓种苗时先造足底墒，定植草莓后浇足定植水后立即用100cm宽的薄膜覆盖，四周用土压严，这样既可以提高草莓的成活率，也可以防止前期干热风造成危害。

【提示】 当草莓匍匐茎大量发生时再逐步撤掉薄膜，撤膜时最好选择在傍晚温度下降后进行，避免中午温度高时撤膜，突然降温和空气对流加大造成闪苗。

4. 除草

除草是草莓育苗最费工的一项工作，整个草莓育苗时期要经常除草，不仅费工也容易铲除草莓匍匐茎，影响草莓繁苗的数量。

5. 注意易发病害的控制

由于高山育苗是在比较冷凉的环境中进行，并且风大干燥，草莓母株易携带白粉病病菌，但苗期并不表现病害，易在起苗定植到平原生产田后发病。因此，要在育苗时注意白粉病的防控。首先是合理密植，育苗时母株和子苗的密度要合理，不要过分密植。育苗期间增施磷钾肥，增强子苗的抗性，培育壮苗。及时清理育苗地内的老病残叶及感病植株，防止育苗地内存在病源。可用25%阿米西达悬浮乳剂1500倍液，或75%达科宁可湿性粉剂600倍液，或10%世高水分散粒剂2500～3000倍液，或40%福星乳油6000～8000倍液等进行喷雾，10天左右喷施1次。在起苗前7～10天用阿米西达进行2次药剂防治，防止子苗带病进入日光温室。

6. 子苗预冷

高山育苗后，要对子苗进行预冷处理。因高山育苗一般都为异地育苗，起苗后运输时间长，为避免运输过程中起热死苗，因此要进行预冷。可将起出的草莓苗放在冷库中1天，再进行运输，或者直接用冷藏车运输草莓苗，避免运输过程中温度较高，草莓苗呼吸作用强，并且草莓苗堆放在一起，呼吸热散不出去，会使草莓苗死亡或定植后成活率低。

第七节　扦插育苗

扦插育苗是指在种苗繁殖过程中不进行引茎压苗，7月中、下旬再将匍匐茎苗剪下进行扦插，统一管理，将匍匐茎繁殖法和扦插繁殖法结合在一起，繁殖出来的种苗整齐一致，成活率高。扦插育苗按照扦插子苗的容器的不同可分为育苗床扦插、营养钵扦插、穴盘扦插和栽培槽扦插。

扦插育苗的优势：避免子苗长势过旺，在育苗棚内郁闭，易产生病害。扦插育苗是培育壮苗、使花芽分化提前和增加产量的一项有效措施。扦插可提高植株的光合效率、增加根茎中的储藏养分。扦插还可得到健壮一致的植株。

一　育苗床扦插

（1）苗床准备　选择高燥平坦、排水良好的地块，修整成宽1.5m、深20cm，南北有20cm的高度差，便于排水，长度根据地块来定。苗床内铺上旧棚膜，膜上每隔10cm扎1个孔，然后在膜上铺20cm厚的育苗基质，浇水压实。悬挂遮阳网备用。

（2）扦插　当草莓子苗长到2叶1芯以上时，将子苗剪下，根

据子苗的大小进行分级，然后扦插。扦插的株行距都为20cm，扦插时用育苗卡固定。扦插完用喷壶喷水，要喷足、喷透。待水渗下去后，用25%阿米西达1500倍液喷施，进行植保防治。

（3）水肥管理 扦插第2天用喷壶喷水2次，喷到地面湿润即可。一般情况下，第3天扦插苗即可生根。生根后用噁霉灵结合灌水进行灌根。等新叶展开后，喷施0.1%的磷酸二氢钾溶液。当小苗长到第2片新叶的时候，用氮、磷、钾比例为20∶20∶20+TE的水溶肥（0.1%），进行根施。

二 营养钵扦插

采用营养钵扦插，无论是在地上还是在高架上，承接子苗的不是育苗槽，而是营养钵。营养钵的直径为10~12cm、高10~12cm，也有用锥管式的营养钵。其母株的栽培方式与避雨地栽培和避雨高架栽培相同。营养钵内填入育苗商品基质或草炭、蛭石、珍珠岩以2∶1∶1体积比混合的基质。基质要求疏松、透气、有机质含量高、保水力强。将具有2~3片展开叶的幼苗假植在营养钵内，育成具有5~6片展开叶、新茎粗1.2cm以上的壮苗。还可以直接将匍匐茎按照其他的育苗方法，直接压在营养钵内（见彩图17）。

采用营养钵扦插育苗法，由于肥水易控制，植株不易徒长，定植时伤根少，缓苗时间短，因此这一方法不仅使草莓花芽分化早，而且产量高，温室栽培能使收获期提前到11月中旬，果实采收期长。

【注意】 采用营养钵扦插育苗法时，所使用的滴灌带的滴孔间距设置要与营养钵的间距一致，保证母株水分充足。如果滴孔间距与营养钵的间距不一致，则草莓母株获得的水分不均匀一致，不利于管理，容易缺水。

三 穴盘扦插

穴盘扦插就是将子苗从草莓母株上切下，移植到事先准备好的穴盘内进行育苗的一种方式。

一般在7月上中旬~8月初进行穴盘扦插。选取生长健壮的子苗，距离子苗两侧1~2cm处将匍匐茎剪断，使子苗与母株分离。穴盘扦插是将草莓苗假植于32孔的高脚穴盘内。

如果用50孔的穴盘，可以隔行隔穴种植，在扦插圃中摆放时注意每盘中间留出一个穴盘的宽度，摆放时留有空隙，为草莓苗的生长留出空间，防止郁闭。

尽量在低温或阴雨天移栽，移栽后喷水。扦插圃应选择离生产温室近的地块，不宜多施肥，尤其控制氮肥的施用。扦插圃可选在日光温室后墙北侧，搭上遮阳网，防止高温伤害草莓苗。

四 栽培槽扦插

草莓进行扦插育苗的关键就是培育健壮母株，因为扦插育苗对草莓母株的营养要求比较高，子苗前期都从草莓母株获得营养物质，无法自己吸收营养，草莓母株要同时供给多个子苗生长，因此对母株的生长情况要求较高。

培育健壮草莓母株按照之前介绍的3种方法进行。在草莓母株定植后，每隔10天用0.2%的磷酸二氢钾溶液进行一次叶面喷施，前两次可以加入0.1%的尿素溶液一起喷施，促进草莓母株生长得更加健壮，提高其营养水平。

草莓母株抽生匍匐茎后，将匍匐茎理顺放到草莓的母株槽内，不要进行压苗。每株草莓母株同时留8~10条匍匐茎，及时将细弱的匍匐茎去除，将抽生的花序去除，避免营养浪费。

扦插前1天对子苗槽进行洇湿，保证子苗槽内的基质充分湿润。

扦插子苗的时间多选择在7月底~8月初，当草莓子苗长到3叶1芯时，将子苗剪下，直接扦插到提前准备好的子苗槽内，子苗槽内装填好基质。扦插按照子苗的级数，集中几次扦插完成。集中扦插省时省工，同时有利于草莓子苗整齐一致。一级子苗扦插在离草莓母株最近的子苗槽内，子苗株距10cm。将子苗浅浅地插入基质内，注意基质不要埋芯。

子苗扦插后正是高温强光照季节，扦插后要进行遮光降温处理，保证子苗的成活率。子苗彻底缓苗后要对其进行浇水、施肥，其管理方法与避雨高架育苗基本相同。及时去除老叶，保持草莓子苗有4~5片功能叶。

扦插育苗使子苗定植后缓苗期短、生长旺盛、开花数增多，可

有效提高单株产量，是一种有效的繁育健壮子苗的方法。

第八节 病虫害防治

草莓育苗中的病虫害主要有炭疽病、白粉病、蚜虫、螨类和病毒病等。苗期病虫害的发生情况和防治效果，影响草莓种苗的生长情况、繁殖系数和子苗质量，进而直接影响草莓的生产。因此，加强草莓苗管理，培育壮苗，做好病虫害预防尤为重要。

一 炭疽病

炭疽病是夏季草莓种苗繁育过程中的主要病害之一，会对种苗的繁育能力和子苗的生长造成严重影响，特别是红颜等日系品种更易感炭疽病。7～8 月高温时间长，雷阵雨多，病菌传播迅速，可在短时间内造成整片苗死亡。炭疽病病菌在田间育苗时靠雨水飞溅传播。

炭疽病的防治方法：①选用抗病品种；②栽植不宜过密，氮肥不宜过量，施足有机肥和磷钾肥，增强长势，提高植株的抗病力；③及时清除病残物；④药剂防治，可用 25% 吡唑醚菌酯（凯润）乳油 1500～2000 倍液、60% 唑醚·代森联（百泰）水分散粒剂 800 倍液、20.67% 噁酮·氟硅唑（万兴）乳油 2000 倍液、77% 可杀得可湿性粉剂 700 倍液喷雾。每 7 天喷药 1 次。喷药可选在傍晚进行，配制比例要准确，重点喷施匍匐茎等近地表部位。注意各种药剂交替使用，避免产生抗药性。

二 白粉病

白粉病发病较快，是草莓育苗中一种常见、多发性病害。白粉病的防治方法：可用 25% 阿米西达悬浮乳剂 1500 倍液预防，或者 10% 世高水分散粒剂 2500～3000 倍液或嘧菌酯或十三吗啉等药剂进行喷雾，10 天左右喷施 1 次，这些药剂交替使用，防止抗药性的产生。对于草莓白粉病，采用避雨育苗时从前期就要开始防治，高山育苗中尤其注重后期预防。

三 蚜虫

蚜虫在草莓植株上全年均可发生，以初夏和初秋密度最大。蚜虫主要为害叶片、茎秆，使植株变黄、萎缩，使幼叶畸形、卷曲（见彩图18）。

蚜虫的防治可通过铺设银灰膜避蚜，也可采用黄板诱蚜。药剂防治可用22%氟啶虫胺腈悬浮剂6000倍液或10%吡虫啉可湿性粉剂1000倍液喷施。

四 螨类

在草莓上为害的螨类主要有二斑叶螨和朱砂叶螨等，对草莓危害很大。螨类的防治方法：①铲除草莓栽培地周围的杂草，彻底清除老病残叶，减少虫源；②药剂防治可用阿维菌素、螺螨酯、联苯肼酯等药剂轮流防治。螨类的生活周期短，繁殖能力强，应注重早期防治。

五 病毒病

草莓病毒病有轻型黄边病毒病、斑驳病毒病、皱缩病毒病和镶脉病毒病等类型。其中对草莓危害最大的病毒病是草莓皱缩病毒病。病毒病可使草莓产量大幅下降，甚至绝产。在感病品种上的典型症状为：叶片畸形，沿叶脉出现小的不规则状褪绿斑及坏死斑，叶脉褪绿及透明；幼叶生长不对称，扭曲及皱缩，小叶黄化，叶柄短缩，叶片变小，植株矮化（见彩图19）。草莓病毒病主要由蚜虫传播。

病毒病的防治方法：①农业防治：选用抗病品种；彻底铲除田间杂草和老病残叶；选用茎尖脱毒组培苗；②物理防治：主要防治病毒病的传播媒介蚜虫，可悬挂黄板诱蚜，铺设银灰地膜避蚜；③化学防治：用20%病毒A可湿性粉剂500倍液或30%病毒星可湿性粉剂400倍液进行喷施，可对病毒有一定的抑制作用。

第六章 棚室草莓栽培管理

第一节 种苗选择

一 品种选择

1. 品种特性分类

（1）低温分类 不同的草莓栽培形式需要不同的草莓品种，一个草莓品种适宜哪种栽培形式是由其本身的需冷量决定的，明确草莓的需冷量是成功栽培草莓的关键因素。以河北省农林科学院石家庄果树研究所选育的优良草莓新品系458-2为试材，在冷库（库温2℃）中存放不同的时间，然后放入日光温室中，根据草莓的生长情况分析打破休眠所需的低温需求量，确定其最适宜的栽培形式，可以使新品系发挥最大的生产潜力，实现良种良法。结果表明：458-2新品系的需冷量为300h左右，属中早熟品种，适宜保护地半促成栽培及露地栽培。

（2）光照时间分类 光照是草莓生长发育必要的环境条件之一，也是草莓植株进行光合作用不可缺少的条件。日照的强度和长短会影响草莓的生长发育。根据植物对光周期的反应，可将植物分为长日植物、短日植物、日中性植物。草莓的绝大多数品种都属于日中性植物。

2. 栽培模式分类

（1）脱毒种苗 脱毒种苗按繁育过程可分为脱毒原原种苗、脱毒原种苗及脱毒生产用种苗，即前文介绍的种苗三级繁育体系。

1）培育方法：见育苗部分。

2）优势：长期采用无性繁殖的草莓种苗，往往都带有病毒，会造成产量降低、品质变差，使品种退化。而脱毒种苗具有多种优势：

① 植株叶片大而厚，生长健壮，所培育的秧苗生长旺盛、缓苗快、成活率高。

② 脱毒种苗植株容易形成花芽，开花多，坐果率平均增加50%，产量可比带毒种苗提高30%左右。

③ 畸形果率低，果个大，果实整齐，含糖量大大提高，果实品质提升。

④ 结果期延长20天左右，有利于分批上市，经济效益好。

⑤ 由于组织培养的脱毒种苗是在隔离无菌条件下产生的，不带任何病虫害，因而减少了重复感染的机会，增强了植株抗病、耐高温、抗寒等能力。

3）种苗标准：可参照北京市地方标准《草莓种苗》（DB11/T 905—2012）：在脱毒生产种苗要求炭疽病发生率≤1%，叶斑病发生率≤3%，纯度≥96%，无毒率≥95%。单株要求4个叶柄并1个芯，新茎粗不小于0.6cm，须根不少于6条，根长不小于6cm。

脱毒种苗宜用塑料箱或纸板箱进行包装，在运输过程中注意保温保湿，温度以15～30℃为宜，湿度以60%～90%为宜。脱毒种苗出圃后3天内定植。

随着我国草莓种植面积的日益增加，种植年限的逐年增长，品种退化日益严重，脱毒种苗的应用与推广是未来草莓生产发展的必然。

（2）裸根种苗 草莓裸根种苗泛指栽培在土壤中利用匍匐茎培育，在出圃时根系裸露的种苗，占目前草莓种苗来源的绝大部分，包括露地裸根种苗和棚室裸根种苗两种。

1）培育方法：将母株种植到土壤里，经过一段时间培育后，在适宜的光照（光周期）、温度、湿度等环境条件下，母株抽生匍匐茎，在匍匐茎偶数节处形成匍匐茎芽，匍匐茎芽生根之后形成子苗，子苗培育长大成为草莓种苗。

2）优缺点：

① 优点：方法简单，技术要求相对较低，生产成本低。

② 缺点：一是种苗整齐度不一致。在草莓育苗期间，早春的低温多雨常常影响母株的正常生长，延缓匍匐茎的抽生和子苗的形成，匍匐茎芽的出现有先后，难以保证幼苗生长的一致性，子苗整齐度低；二是起苗时根系容易受伤，缓苗慢，露地裸根育苗的缓苗期长，移栽后损失率高，可高达15%~20%；三是携带病毒，同一块地多年繁育草莓苗，会引起土壤连作障碍，土壤中有害病菌的种类和数量明显增加，有害病菌的增加势必会造成种苗出现各种病害，严重影响草莓苗的产量和品质。

（3）基质苗 基质苗不同于裸根种苗栽植在土壤中。基质苗顾名思义是指栽培在基质中利用匍匐茎培育，在出圃时根系携带基质的种苗。目前在生产上常用避雨基质育苗，包括高架避雨基质育苗和地面避雨基质育苗，应用最广泛的为避雨地栽槽式基质育苗。育苗基质一般按草炭∶蛭石∶珍珠岩为2∶1∶1的体积比进行配比。

1）优点：

① 基质苗在植株长势、现蕾、开花等方面比裸根种苗优势明显。

② 由于采用的是基质栽培，透水透气性良好，提温快，利于根际提温，有利于草莓植株根系的生长，使基质苗健壮，长势一致，易于种苗分级，定植后易于生产管理。

③ 运苗及栽植时，苗根不会受到损伤，根系失水较少，成活率高，缓苗快，移栽损失率仅为1%~2%。

④ 病虫害发生少。装填的基质可每年更换，尽量减少土传病害和土中的营养富集对母株的侵害。

⑤ 花芽分化早，坐果提前，能提高经济效益。

2）选择标准：通过科学的生产管理，培养的基质苗根系发达。基质苗在选择上，一般要求新茎粗在0.8cm以上，具有4~5片功能叶，植株健壮，病虫害发生较少，壮苗率达95%以上。

二 优质种苗标准

种苗的好坏直接影响着温室草莓产量的高低和品质的好坏。种苗的质量包括品种品质和种苗品质两个方面。品种品质是指种苗的纯度、丰产性、抗病性和生育期等特性；种苗品质是指种苗的净度、健康状况、茎粗、功能叶片数、病虫害、根系的长度和数量、种苗重量等。

北方日光温室促成栽培草莓的壮苗标准是：种苗纯正，植株完整，最好是脱毒种苗，无机械损伤和病虫害；健壮，有明显的生长点（苗芯）；新茎粗0.8～1.2cm；具有4～5片以上的功能叶片，叶片大而厚，叶色浓；叶柄粗短，长度因品种差异而有所不同，一般为8～15cm；根系发达，具有12～16条次生根，多数根长5～6cm，单株鲜重30g左右。

小技巧

不同地区种苗的特点

种植户在种植草莓时只有分清种苗的来源，才能做出相应的处理，而不要仅注意种苗的健壮程度，忽视种苗来源。

（1）浙江地区种苗　就北京市昌平区而言，浙江地区的草莓种苗占草莓种苗总数的40%以上。浙江地区种苗的种植时间是2月，到5月就可以爬满畦面，这时应适当采用压苗剂处理。草莓压苗剂可以延缓草莓生长，增强植株健壮程度，对草莓干物质积累很有帮助，有利于草莓物质积累和后期花芽分化。所以，浙江地区草莓花芽分化很整齐，生长势很强，前期产量很高。

草莓前期产量决定种植户的收入，年前产量越高则种植户收入越多，这是浙江地区种苗受种植户欢迎的原因。但该种苗前期产量集中且量大，中后期容易早衰或断茬，在生产中需注意并做好防范措施。

（2）丹东地区种苗　丹东草莓育苗地土壤多为中性或酸性，一旦将种苗种植到北京石灰质土壤中（pH为7～8）可能会不适应。而且，草莓种苗经过长途运输，会失水萎蔫，根系脱落，缓苗期很长，容易死亡。外地苗如果失水萎蔫严重，一

定要注意假植，恢复一下再种。

（3）高原和冷凉地区基质苗　高原和冷凉地区的基质苗，一定要严防白粉病，因为在育苗地不易发生草莓白粉病，一旦进入北方种植棚高温高湿的环境，很容易造成白粉病的大暴发。其实关键的原则就是定植后15～20天最好不要动草莓苗。在缓苗过程中，除非有大的杂草或严重影响草莓生长的恶性杂草需及时拔出，其余的不要管。

三　种苗假植

北方地区草莓的定植时间一般为8月底～9月初，由于定植时正赶上高温期间，而草莓种苗经过起苗、分拣包装、运输、整理种植等过程，尤其是草莓裸根种苗，由于其根系大部分已经被风吹日晒，很多须根系基本脱落，其他根系也被氧化成黑色或深色，根的活性下降很严重，这样的草莓种苗种植在土壤中，尤其是pH高于8的黏重土壤中，会导致草莓缓苗时间长，同时草莓枯萎病和猝倒病发病严重。另外，在生产上常出现由于定植时间相对集中，劳动量较大，种苗过多而定植速度跟不上的情况。鉴于以上情况，为了提高种苗的成活率，生产上可使用假植的方法来对种苗进行及时处理，还可通过假植对弱苗进行扶壮。

1. 假植方式

在假植草莓种苗时最好根据种苗的大小分级假植。在生产上，常见的种苗假植方式有以下3种：

（1）营养钵假植　可将假植苗假植到10cm×10cm或12cm×12cm的营养钵内，每个营养钵间隔10cm摆放（见彩图20），营养土可用草炭∶蛭石∶田园土为3∶1∶1的体积比自行配制。假植后可摆放至日光温室北侧，搭上遮阳网，防止高温伤害草莓苗。根系只有0.5cm以下时最好假植在营养钵中。营养钵提前浇透水，由于这样的苗较小，根系不发达而不容易在钵中固定，可用一个U形铁丝将草莓苗的根茎部固定在营养钵上，等定植草莓苗时再取出。

（2）基质圃假植 平整出一块空地，四周打好一定高度的畦面，在底层铺设塑料布（可用废弃棚膜代替），在塑料布上扎好透水眼，上层铺设20cm厚的基质（草炭、蛭石、珍珠岩的体积比为2∶1∶1），将种苗假植到基质中，株距20cm左右（见彩图21）。假植后搭上遮阳网，并做好排水沟，以利于雨天排水。经过3～5天草莓根茎部就会长出3～5条白色的次生根，或者在原来的根系尖部也会有新的根长出来，这样定植到草莓畦上成活率会大大增加。

（3）开沟假植 选择一块阴凉、平整的空地，可以在温室内或温室北侧后墙处，开一条深度为20～25cm、宽度为15～20cm的沟，中间深两边浅，将草莓种苗的根部贴放在沟的一侧，用开沟土将根系覆盖，浇水湿润土壤，保证根系水分供应。假植后安装遮阳网，防止高温热害。

2. 假植后管理

（1）水肥管理 刚假植后，草莓的根系吸水的功能较弱，草莓植株容易失水萎蔫，为此及时补充水分是必需的。补水时间尽可能在10：00前、15：00以后，尽量避开中午高温时段。补水量不要一次性太多，使根茎部湿润即可。

栽后的3～5天，如果天气晴朗，温度较高，要每天喷水2次，遇到雨天停止浇水，要及时排水，防止大面积积水造成草莓根系缺氧腐烂，影响草莓苗的成活。草莓苗成活以后适当控制浇水，以利于草莓新根系的发生，促进幼苗的物质积累。

栽后10天叶面喷1次8000～10000倍的碧护，以后每隔10天喷1次磷酸二氢钾肥，以促进幼苗迅速生长和花芽分化。用于保护地栽培的秧苗，要在8月中旬以后停止施用氮肥，并适当控制水分，以促进秧苗提早进行花芽分化。

（2）植株整理 在假植期间，由于天气干燥，温度较高，为了防止病虫害的发生，应及时摘除老叶、黄叶和病叶，保持有4～5片展开的叶片即可，并及时摘除幼苗抽生的匍匐茎，以节约养分，促进根系与根茎的增多增粗，有利于保持强盛的吸肥能力，提高花芽

分化质量。假植期间还要及时除草和防治病虫害，以保证幼苗的健壮生长。

当草莓种苗长到符合定植标准时，还不到种植时间，可以将假植的草莓种苗进行适当摘叶，削弱草莓苗的长势。

3. 假植苗移栽定植

假植苗应该晚栽，一般在9月15日~9月20日，营养钵苗一般在10月10日前后种植。

在移栽定植时需带着基质定植，避免将根系抖开，以免造成根系受损，降低种苗成活率。需要注意的是假植时间不能太长，否则草莓会出很多新芽浪费养分，同时根系太多、太长，容易折断根尖，不利于草莓生长。在假植过程中尤其要通风透光，否则植株容易发霉腐烂。假植初期浇透水之后就不要再浇大水了，应控制水分促进草莓生根。假植圃培育的幼苗在北方地区最晚可在霜降前定植到温室内。

种苗经过假植后，根系活性好，缓苗快，秧苗的整齐度提高，病虫害发生少，花芽分化早。因此，种苗假植是草莓生产上培育壮苗、提高产量的重要技术措施。

第二节　科学施肥和施用农药

一　科学施肥

在温室草莓生产上目前普遍存在盲目施肥的现象，尤其是氮、磷、钾肥过量施用，再加上长期连作，使土壤盐碱化与盐渍化，从而使土壤结构变差，有机质含量不断降低，微生物生态平衡遭到破坏，严重影响草莓的生长发育，既浪费肥料又增加了生产成本。

所以，科学施肥是实现草莓产业可持续发展的重要保证，已成为现代草莓生产中重要的技术措施之一。

1. 草莓科学施肥的三大定律

（1）报酬递减定律　在生产上施肥要有限度，不是施肥越多越增产，超过合理施肥量上限就是盲目施肥。

在生产中草莓无法实现增产的原因之一就是由于氮、磷、钾肥每年的重复性施用，导致大量元素富集，产量难以增加。为此，在草莓生产中应合理施肥，尽量少施用氮、磷、钾肥料。

（2）不可替代定律 在生产上无论大量元素还是中微量元素，都需要供给，做到平衡供给养分。

在生产中草莓无法实现增产的原因之二是：历年来施用的大量元素肥料过多，中微量元素肥料施用过少，导致营养供给不均衡。建议合理施肥，增加中微量元素肥料的施用量。

（3）最小养分定律 在生产中施肥时，应找出各种养分的比例关系，确定土壤中最小养分元素，有针对性地施肥，即俗话说“缺啥补啥”，才可收到良好的增产效果。

在生产中草莓无法实现增产的原因之三是：由于不注重微量元素肥的补充，导致像铜、锰、锌、硼等这些营养成分缺乏，从而影响草莓的生长。

科学施肥的目的就是调节草莓产量，改善草莓品质，培肥土壤，提高地力。肥料的种类有很多，我们在草莓生产操作中要根据以上三大定律，做到因土、因生长时期平衡施肥，以达到高产、优质、高效的目的。

2. 草莓科学施肥的技术要点

（1）草莓是喜肥植物，不同生长时期对肥的需求不同 草莓在生长发育过程中对土壤中的氮、磷、钾的需要量较多。氮肥不仅可促进草莓茎叶生长，还可促进花芽、花序和浆果的发育；磷肥能促进草莓花芽的形成，提高结果能力；钾肥能促进草莓浆果肥大成熟，提高含糖量，提升果实品质。草莓根系较浅，吸肥能力强，养分需要量大，对养分非常敏感，施肥过多或不足都给生长发育、产量及品质带来不良影响。草莓生长初期吸肥量很少，开花以后需肥量逐渐增多，随着果实不断采摘，需肥量也随之增多，特别是对钾和氮的需要量最多，在采收旺期对钾的需要量要超过对氮的需要量。草莓对磷的需要量在整个生长过程中均较少，但缺磷时草莓新生叶形成慢，产量低，糖分含量少。磷过量又会降低草莓的光泽度。定植后对钾的需要量最多，其次是氮、钙、磷、镁、硼。对钾和氮的需

要量随着生育期的生长进展而逐渐增加，当采摘开始时，需要量急剧增加，磷和镁呈直线缓慢吸收状态。每生产1000kg草莓需要吸收氮（N）6~10kg、磷（P_2O_5）2.5~4kg、钾（K_2O）9~13kg。草莓对氯非常敏感，施含氯肥料会影响草莓品质，应控制含氯化肥的施用。

在生产上，草莓施肥主要有增施底肥、随水追肥、叶面喷肥等方式。温室草莓生产从9月左右开始定植，一直到次年6月左右。由于其生长量大、生产周期长、产量品质要求高等特点，无论以上哪种施肥方式都对技术要求较高。所以，为了保证草莓栽培优质高效，在生产中要使用腐熟有机肥，合理施用氮、磷、钾等大量元素肥料，增加中微量元素肥的施用，平衡科学施肥。

（2）叶面肥施用的技术要点 叶面施肥是施肥中的一个主要手段。叶面施肥有肥效快、针对性强、施用方便、用量少等特点。温室草莓通过叶面施肥，可以补充钾和微量元素。草莓生长对钙、钼和铜等需求较多，叶面喷施钙、钼和铜，可以平衡草莓营养，减少草莓的病害，提高草莓产量。

1）叶面施肥的优缺点：一般来讲，在植物的营养生长期或生殖生长的初期，叶片有吸收养分的能力，并且对某些矿质元素的吸收比根的吸收能力强。因此，在一定条件下，根外追肥是补充营养物质的有效途径，能明显提高作物的产量和改善品质。

与根供应养分相比，通过叶片直接提供营养物质是一种见效快、效率高的施肥方式。这种方式可防止养分在土壤中被固定，特别是锌、铜、铁、锰等中微量元素。此外，还有一些生物活性物质，如赤霉素等可与肥料同时进行叶面喷施。例如，草莓生长期间缺乏某种元素，可进行叶面喷施，以弥补根系吸收的不足。

在干旱与半干旱地区，由于土壤有效水缺乏，不仅使土壤中养分的有效性降低，而且使施入土壤的肥料难以发挥作用，因此常因营养缺乏使作物生长发育受到影响。在这种情况下，叶面施肥能满足作物对营养的需求，达到矫正养分缺乏的目的。

叶面施肥虽然有上述优点，但也有其局限性。例如，叶面施肥虽然见效快，但往往效果短暂，而且每次喷施的养分总量比较有限，又易从疏水表面流失或被雨水淋洗。此外，有些元素（如钙）从叶片的吸收部位向植物的其他部位转移相当困难，喷施的效果不一定很好。这些都说明植物的根外营养不能完全代替根部营养，仅是一种辅助的方法。因此，叶面施肥只能用于解决一些特殊的植物营养问题，并且要根据土壤条件、植物的生育时期及其根系活力等合理地加以应用。

2）影响叶片营养的因素：植物叶片吸收养分的效果，不仅取决于植物本身的代谢活动、叶片类型等内在因素，而且与环境因素，如温度、矿质元素浓度、离子价数等关系密切。

叶片对养分的吸附量和吸附能力与溶液在叶片上附着的时间长短有关。特别是有些植物的叶片角质层较厚，很难吸附溶液；还有些植物虽然能够吸附溶液，但吸附得很不均匀，也会影响叶片对养分的吸收效果。

试验证明，只要溶液在叶片上的保持时间达到 30 ~ 60 min，叶片对养分的吸收量就多。避免高温蒸发和避开气孔关闭时期对喷施效果的改善很有好处。因此，一般以下午施肥效果较好。若能加入表面活性物质的湿润剂，以降低表面张力，增大叶面对养分的吸附力，可明显提高肥效。

植物的叶片温度对营养元素进入叶片有间接影响。温度下降，叶片吸收养分即减慢。由于叶片只能吸收液体，温度较高时，液体易蒸发，这也会影响叶片对矿质元素的吸收。

3）采用叶面施肥要注意的问题：喷施浓度直接关系到喷施的效果，如果溶液浓度过高，则喷洒后易灼伤叶片；溶液浓度过低，既增加了工作量，又达不到补充营养的要求。所以，在应用中要因肥、因作物不同，因地制宜地对症配制肥料。

选择适当的喷施方法，配制的溶液要均匀，喷洒雾点要匀细，喷施次数看需要。

叶面施肥的时期要根据各种作物的不同生长发育阶段对营养元素的需求情况，选择作物营养元素需要量最多也最迫切时进行喷施，这样才能达到最佳的效果。

叶面施肥效果的好坏与温度、湿度、风力等均有直接关系，进

行叶面喷施最好选择无风阴天或湿度较大、蒸发量小的9：00以前，最适宜的是在16：00以后进行，如遇喷后3～4h下雨，则需进行补喷。

4）常用的叶面肥的适宜浓度：磷酸二氢钾为0.2%，配制方法就是将30g磷酸二氢钾加入装15kg水的标准喷雾器中，充分溶解后喷施。

（3）增施腐殖酸类、氨基酸类等新型肥料 在草莓生产中，要实现科学施肥，还应注重腐殖酸类、氨基酸类、沼肥、生物菌肥等新型肥料的施用，可以提高土壤碳氮比、松土透气、解盐降肥害、培肥地力、改良土壤、促进草莓植株生长，从而提高草莓的产量和品质。

1）腐殖酸肥料：腐殖酸水溶肥是腐殖酸与钠、钾、铵等物质化合后而制成的可溶性腐植酸盐肥料，包括大量元素型和微量元素型两种。腐殖酸水溶肥在草莓生产中主要作为叶面肥使用，最常用的是黄腐酸型，一般稀释800倍左右喷施。除了叶面肥外，大量元素型腐殖酸肥作为基肥施入土壤还可以作为土壤改良剂。其具有以下多种优势：

① 促进草莓根系生长，提高抗逆性。腐殖酸水溶肥可以促进草莓养分的吸收和干物质的累积，加速生长点分化，促进草莓根系生长，增加次生根，提高根系吸收水分和养分的能力。将腐殖酸喷洒在草莓叶片上，可以使气孔缩小，减少蒸腾作用，提高抗旱能力。

② 提高肥效。腐殖酸是氮肥的缓释剂和稳定剂。腐殖酸通过氨化工艺与氨生成腐殖酸铵，不仅增加了腐殖酸的可溶性，而且保存了铵态氮，减少了氨的挥发损失，延长了氮的供应时间，氮肥效果能提高20%左右，使无机氮肥的肥效由“暴、猛、短”变为“缓、稳、长”。腐殖酸是磷肥的增效剂：对于碱性土壤，腐殖酸可以将难溶性磷酸盐转变为可溶性磷酸盐，可以吸附和交换钙离子，对磷元素的利用率能提高20%。对于酸性土壤，腐殖酸可以与铁、铝络合或螯合，减少由于形成磷酸铁、磷酸铝而造成的磷固定。腐殖酸是钾肥的保护剂：腐殖酸可以储存钾离子，缓慢增加钾的释放量，提高土壤速效钾的含量，还可以调节草莓植株的代谢过程，使吸钾量

增加30%以上。目前，硝基腐殖酸钾等商品钾肥已在草莓生产上开始应用。

③ 促进中微量元素的吸收。腐殖酸是中微量元素的调理剂和螯合剂，其可以与铁、锌等草莓生长必需的中微量元素发生螯合反应，生成腐殖酸中微量元素螯合盐，不但溶解度好，容易被草莓根系吸收，还有利于中微量元素从地下向地上部分的运输。

④ 改善草莓品质。由于腐殖酸是有机物质的重要组成部分，所以施用腐殖酸可以提高草莓果实的糖分，增加维生素的含量，改善草莓果实的品质。

⑤ 改良土壤。将腐殖酸肥料与农家肥或化肥配合，在土壤消毒后用于基肥施入土壤，能减少速效养分的固定和流失，调节土壤的pH，改善土壤团粒结构，培肥地力，是一种良好的土壤改良剂。

2）氨基酸肥料：氨基酸水溶肥是通过生物发酵工艺制成的复合型氨基酸水溶性肥料，一般含有谷氨酸、赖氨酸、甘氨酸等多种氨基酸。目前，在草莓生产上，氨基酸水溶肥主要是通过氨基酸与钾、钙及中微量元素等螯合制成，主要作为氨基酸叶面肥使用。常用的有氨基酸钾、氨基酸螯合钙等。

氨基酸水溶肥作为一种新型肥料，优势明显。氨基酸是组成蛋白质的基本单位，对草莓的生长有着非常重要的作用。其与腐殖酸水溶肥一样，在草莓生产中具有提高草莓产量、品质及抗逆性，改善草莓的生态环境、抗重茬、消除土壤板结等优点。其具有以下多种优势：

① 促进草莓生长。氨基酸作为构成蛋白质的最小分子存在于肥料中，施入土壤，其中的微生物可以利用氨基酸合成草莓生长调节剂，刺激和促进草莓植株生长。

② 促进中微量元素的吸收。氨基酸与腐殖酸一样，也是中微量元素的螯合剂。其稳定性好，不受土壤酸碱度和其他离子的干扰，经过氨基酸螯合的中微量元素，能够直接被草莓吸收和利用。

③ 提高抗逆性、改善品质。氨基酸水溶肥能提高草莓的抗旱、抗病能力，可以提高产量，改善草莓果实的品质。

3）沼肥：提倡使用沼液、沼渣，这些肥料经过无害化处理，通

过微生物发酵，病菌和虫卵已被杀死，人类的粪和尿、家畜粪便和植物残体被分解，肥效提高；沼渣中含有的大量腐殖酸利于草莓生长，并且可提高草莓的抗性。施用沼渣后草莓病害轻、产量高，是无公害草莓生产的理想肥源。

4）微生物菌肥：近年来，生物科技发展迅速，生物技术产品在农业生产方面得到了广泛的应用，微生物肥料尤其发挥了不可替代的作用。微生物菌肥具有培肥地力、活化土壤、促进土壤主要营养元素的有效化、提高品质和产量的特点。微生物肥料的应用是今后草莓可持续发展的必经之路。

目前，微生物菌肥在草莓生产中一般是在土壤消毒后作为底肥使用。若在消毒前施入土壤，消毒过程中菌剂中所含的益生菌也会被一起杀死，菌肥会失去作用。建议用量为40kg/棚，有机肥和复合肥均匀撒施后立即旋耕，在做畦时将微生物菌肥均匀撒在畦底面，不要将复合肥和微生物菌肥一起施用。使用微生物肥具有以下优势：

1）有益微生物菌落在草莓根系周围大量繁殖，有效降解和转化重茬草莓根系分泌的自毒物质，能有效提高草莓的免疫力，大大减轻重茬危害，延长栽培年限。

2）有益微生物数量增加，增加土壤有机质，除板结，松土壤，进而促进草莓根系生长。

3）缩短缓苗期7~10天，缓苗整齐度好，成活率高。

4）改善果品品质，增甜、增香，口感好，风味浓郁；果实着色好，减少畸形果，优果率提高。

5）有效促进草莓发育，草莓提早成熟5~7天，延长采摘期15天。提高草莓硬度，耐储存，提高商品价值。

3. 草莓科学施肥技术保障

（1）测土配方施肥技术保障 测土配方施肥是以土壤测试和肥料田间试验为基础，根据作物的需肥规律、土壤供肥性能和肥料效应，在合理施用有机肥料的基础上，提出氮、磷、钾及中微量元素等肥料的施用量、施肥时期和施用方法。测土配方施肥技术的核心是调节和解决作物需肥与土壤供肥之间的矛盾，同时有针对性地补充作物所需的营养元素，作物缺什么元素就补充什么元素，需要多少补多少，实现各种养分平衡供应，满足作物的需要；达到提高肥料利用率和减少用量，提高作物产量，改善作物品质，节省劳力，节支增收的目的。

（2）水肥一体化施肥技术保障 水肥一体化施肥技术是将施肥与灌溉结合在一起的农业新技术。将溶有肥料的灌溉水，通过灌水器（喷头、微喷头和滴头等），将肥液喷洒到作物上或滴入根区，通过灌溉系统施肥，使作物在吸收水分的同时吸收养分（见彩图22）。水肥一体化施肥是实现草莓生产科学施肥的另一项重要的技术保障。常见的类型有滴灌、喷灌、渗灌等，其中滴灌是草莓生产中应用最广泛的方式。使用滴灌具有以下优势：

1）滴灌可以省肥30%~50%，节水达50%以上。

2）滴灌可以节省90%的施肥、灌溉劳力。

3）灵活、方便、准确地控制施肥时间和数量。

4）大部分的草莓器官不会接触到灌溉水，可以降低微生物感染的风险，同时可以阻挡土壤中植物病原随灌溉水在植株间传播，减少病害的传播。

5）显著地增加草莓产量和提高品质。

6）防止肥料淋溶至地下水而污染水体，保护环境。

二 合理施用农药

在草莓生产中，病虫害的发生不可避免，可以通过农业防治、物理防治、生物防治和化学防治来进行病虫害的综合防治。在病虫害发生严重时，可以使用《绿色食品农药使用准则》中允许限量使用的化学农药，但必须严格遵守其用药量、施药方法、安全间隔期、用药次数、允许的最终残留量，避免同种农药在草莓体内的富集。

1. 合理施用农药的原则

（1）对症选药 根据发生病虫害的具体种类及其发生特点选用农药。病菌侵染前期宜选用保护性药剂，发病期宜选用治疗和保护兼备的农药品种并与长效保护剂交替使用。

（2）及时用药 及时用药可达到“药半功倍”的效果。要在病原菌萌发时、病原菌孢子抗药性减弱时用药，不但防治效果最佳，

而且能最大限度地减少用药次数。

（3）适量用药 随意加大用药量，不仅增加投入，还会使草莓产生药害，增加草莓中农药的残留量。农药标签或说明书上推荐的用药量一般都是经过反复试验才确定下来的，使用时不能任意改变，以防造成药害或影响防治效果。

（4）合理混用农药 农药混用前要仔细阅读说明书，性质相同或相近时方可混用。混用的农药品种不宜太多，一般品种类型不要超过3种，否则它们之间发生相互作用的可能性会大大增加，失效或药害的风险也就增加。混用农药要做到现配现用，尽量在较短的时间内用完，不要存放太长时间。

（5）轮换用药 农药连年使用后，害虫代代吸收、代谢并适应，并且逐渐形成稳定的抗性并可以遗传，病菌可以产生耐药性，从而使药效不断下降，要轮换交替用药。

2. 合理施用农药技术

为了提高农药的防治效果，保护环境和果品的食用安全，有效控制病虫害，以最小的投入实现病虫害的综合控制，达到经济、有效。合理施用农药时要注意以下几点：

（1）科学配药 在配药时，要用专用的称量工具准确称量药品，并先配成母液后再在喷雾器中定量。禁止超量使用农药和不合理地混配农药。

忌用井水、污水配药。井水中含有钙、镁等矿物质较多，与药液易起化学反应生成沉淀物，从而降低药效。而污水含杂质多，配药后喷洒时会堵塞喷头，同时还会破坏药液的稳定性，降低药效。

（2）喷药时间 尽量在天气晴好、无风或微风时用药。而在一天中用药的最佳时间为：8：00～11：00，16：00～18：00。

忌在风雨天和高温下用药。刮风时喷药会使农药飘散，易造成不必要的药害和损失。雨天用药，药液易被雨水冲刷，降低药效。高温下用药，易发生药害和人员中毒。忌滥用农药。

忌在花期、采摘前喷药。草莓在花期对药剂很敏感，此时喷药容易发生药害。若在采摘前用药，农药在草莓上产生的残留会造成人员食后中毒，应在草莓收获前与喷洒农药之间有一个安全间隔期，而安全间隔期的长短因药剂的不同而有差异。

（3）药量控制 合理的喷药量是保证植保效果的关键因素。一般 400m² 的日光温室草莓株数在 4400 株、长势中等时，要求喷药量为 30～45kg。

（4）喷药操作 喷药要均匀周到，全面喷透。大多数内吸杀虫剂和杀菌剂，以向植株上部传导为主，很少向下传导。因此，喷药时必须均匀周到，不重喷、不漏喷。

具体操作：要掌握“罩、掏、扫”三字诀。“罩”，即将喷雾器放在草莓植株上方；“掏”，即将喷雾器的喷头伸入植株内，将叶片的正面与反面都喷到；“扫”，即从草莓植株两侧喷雾，使叶柄及根茎部位均匀着药。同时为了保证效果，最好加入黏着剂提高药效。坚持轮换用药。

第三节 土壤消毒

设施园艺中，由于草莓大多长期在同一块地种植，连作极易造成病虫害滋生和蔓延，又由于表层土壤施肥多易造成某种矿质元素的浓度障碍、有机质含量下降、土壤板结、耕作层浅等不良的土壤条件。土壤理化性质恶化，导致土壤环境已不再是草莓生长的最适条件，极大地影响了草莓的产量和品质，降低了种植户的经济效益。由此，可以增施堆肥等有机物，并合理进行施肥、客土、深耕、土壤消毒等方法作为解决对策，特别是土壤消毒是关键之一。通过对土壤进行消毒处理，改良土壤，为草莓根系创造一个适宜的生长条件。

目前在生产上土壤消毒的方法有很多，有物理消毒、化学消毒、生物消毒等。物理消毒常用的是石灰氮太阳能土壤消毒技术，也是目前应用最广泛的消毒技术之一；化学消毒方法常用的是氯化苦土壤消毒技术、棉隆土壤消毒技术等；生物消毒有葡萄糖异硫氰酸酯、辣根素等，但目前都处于试验探索阶段。

小技巧

1）播种后合理控制温湿度：为尽可能多地获得玉米秸秆量，促进玉米快速生长，以利于吸收上茬草莓残留在土壤中的养分，应该在播种玉米后将温度维持在25~30℃，不能太高，否则容易造成烂种，等80%以上的玉米发芽，苗高到5cm后适当降低温室内的温度，温度控制在25℃左右。为了获得较多的秸秆，还应适时补充水分以增强玉米的长势。在玉米生长期间不施用任何肥料。

2）雨季时勤检查棚膜：雨季要经常检查温室棚膜的积水情况，防止棚膜积水压开薄膜的封口，影响温室内温度的提升。

3）消毒结束前整理温室前面的杂草：因为草莓生产结束后开始温室消毒，管理粗放，杂草丛生，有大量的致病微生物和害虫繁殖。如果这时掀开棚膜，这些病虫害就会进入温室，给以后的草莓生产带来潜在的危害。为此，在消毒结束前要将温室四周的杂草和杂物进行处理，用杀虫剂和杀菌剂进行彻底消毒。最后，将表面的杂草铲除并运出草莓园进行焚烧。

第四节　整地施肥

一　晾地

消毒刚刚结束时，温室内土壤的含水量较高，不宜进行旋耕，应经几天的晾晒，使土壤中的水分蒸发一下，等土壤疏松（即用手稍用力就能捏碎就可以了）后再进行旋耕，太阳暴晒土壤也有利于杀死土壤中的有害微生物，增加土壤的蓄热，熟化土壤。晾地时间控制在土壤不板结的程度，如果晾晒时间过久，土壤很容易干，形成坚硬的土块，不利于旋耕。在晾地的过程中不要在温室中走动，防止土壤板结形成硬块。

【提示】 在去地膜时要一边收一边将消毒时候做的沟填平，在填沟时不要有大的土块，否则以后形成硬块不利于做畦。所以，在收膜时不要把整个地膜一次性全部去掉后再平整土地，这样很容易使温室土壤中的水分蒸发量增大，从而导致土壤板结，形成硬块，不利于后面的操作。

二 撒施底肥

如果土壤比较黏重，可以先用适当的稻壳加以改良，每亩稻壳的使用量为8m^3，不要一次性使用过多，否则很容易形成漏水漏肥的土壤结构，不利于草莓冬季管理。

在施用有机肥的基础上，配合适量的复合肥均匀地撒施于温室中，以保持和增加土壤肥力，同时避免肥料中的有害物质进入土壤。有机肥建议使用农家肥，如牛粪、羊粪、猪粪等，但一定要充分腐熟，避免携带虫卵、病原微生物，否则会因腐熟不完全造成烧苗。腐熟农家肥每亩用量为3000～5000kg，商品有机肥每亩用量一般为1500～2000kg。草莓生产中常用的复合肥是氮、磷、钾比例为15∶15∶15的硫酸钾复合肥，每亩用量为15～20kg；硫酸钾每亩用量为5kg左右；过磷酸钙每亩用量为40～50kg。

【提示】 用于草莓种植的土壤应进行养分测定，了解土壤的营养成分，有针对性地进行配方施用底肥。在温室中采用五点取样的方法，用专用取土工具，每点取地表下20cm土层的土样。五点土壤样品充分混合后送交科研单位对土样进行土壤理化性质测定。根据土壤中氮、磷、钾含量的测试结果，科学且有针对性地进行配方施用底肥。不同肥力的土壤采取不同的施肥措施。

初次种植草莓的地块土壤中有机质的含量不高，应适当多施有机肥以提高土壤中有机质的含量，一般每亩施用优质商品有机肥2t、过硫酸钙40kg、硫酸钾10kg，普遍撒施均匀并旋耕即可。连续种植

草莓3年以上要检测土壤养分情况，可以视情况减少底肥用量。

小技巧

1）正确施用生物菌肥：增施生物菌肥可以有效地保持和增加土壤的肥力，改善土壤结构及生物活性。生物菌肥可做底肥、追肥，进行沟施、穴施。目前，生物菌肥在草莓生产中一般是在土壤消毒后作为底肥使用。如果在消毒前施入土壤，消毒过程中菌剂中所含的益生菌也会一起杀死，菌剂会失去作用。应区分主要菌的种类，尤其是通过夺氧机制的菌最好不要集中沟施在定植畦中。建议用量为65kg/亩，有机肥和复合肥均匀撒施后立即旋耕，在做畦时将生物菌肥均匀地撒在畦底面。根据土壤情况和草莓生产，尤其对多年连作的温室，最好使用以芽孢杆菌为主的生物菌肥，一般每亩施40～60kg。生物菌肥不要与复合肥、杀菌剂、杀虫剂一起施用。

2）正确施用复合肥：首先施入有机肥，再施复合肥，施用肥料一定要均匀，具体的操作方法是将肥料的2/3普遍撒施后，再将剩余的肥料根据田间肥料的薄厚有针对性地撒入。施肥时最好选择晴天进行。复合肥避免与生物菌肥同时施用。

三 旋耕

施肥后应该尽快进行旋耕，不要将肥料长时间暴露在阳光下。为了将肥料均匀地混入土中，应该旋耕2遍。旋耕标准为土壤平整，肥料均匀（见彩图23）。在有条件的地方可以用深松机（松土深度为50cm），将温室中的犁底层打破，活化深层的土壤，有利于草莓健康生长。

第五节 做畦

一 做畦标准

根据灌水方式的不同，做畦的要求也不一样。在北方日光温室种植草莓一般多采用高垄（畦）栽培，可以增加畦面的光照面积，提高地温，增强通风透光性，促进草莓生长。做畦要下实上松，具体要求为（见图6-1）：畦（垄）面宽度应为40cm，畦（垄）底宽60cm，高应该为30～35cm，畦（垄）距为90～100cm，沟宽约40cm。

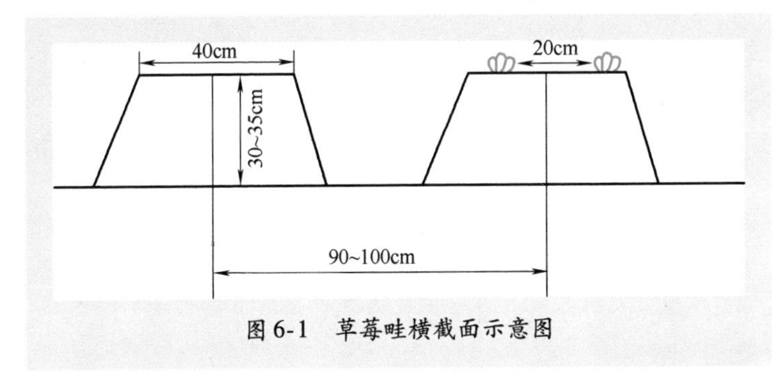

图6-1　草莓畦横截面示意图

做畦的具体步骤如下：

第一步：放线。如果每隔90cm做一个畦，从温室的进口开始在平整的地上南北方向放线，每道线的距离是45cm。

第二步：在另一条线中间人工将土壤踏实，利于整个畦面坚实，防止浇水时畦面塌陷，同时也为了草莓畦底部紧实，利于畦底开阔，增大沟的宽度，利于生产操作。踏实后再从第一条线间取土放在第二条线间，边放土边用锹拍，保证畦的两侧整洁。

第三步：将沟底的土清理到畦面上，在不将沟底的生土翻上来的情况下尽可能抬高畦面的高度。

小技巧

1）利用挡板巧立草莓畦：在实践生产中广大种植户逐渐摸索出一种更加便捷的做畦方法，就是用5cm高的方钢，焊成高10cm、上口宽40cm、下口宽50cm的梯形槽，在做畦时把底层的土人工踩实，之后将梯形槽放在踩过的土上，将两侧的土回填到梯形槽中，人工在梯形槽的内侧轻轻踩一下，让草莓畦

的外侧适当硬点以防止浇水时松软造成塌陷，再用铁锹将剩余的土回填在梯形槽中，用铁锹适当正压、平整，轻轻取出梯形槽即可。

2）雨后修理畦面：经过大雨冲刷，很多草莓畦有不同程度的损害，等雨后土壤含水量下降，水分蒸发后土壤不再黏重后进行畦面修补。

3）做畦前土壤应保持一定的含水量：在做畦的时候气温较高，棚内温度高，土壤中水分的蒸发速度较快，土壤很容易干燥，很难成型，不利于做畦。为此在做畦前一天将草莓温室用水适当浇一遍，使土壤保持一定的含水量。浇水的原则是浇水后旋耕结束的土壤用力一攥成团，松手后土壤散开。经过旋耕后的土壤要立刻做畦。

二 洇畦

做畦时间不宜过早，最好在定植前 5 ~ 7 天进行，这样可以使草莓畦有充分的时间进行自然沉降。做畦时间也不能过晚，因为刚打完的畦还未沉降，不紧实，容易垮塌，不适宜定植，栽苗后容易埋芯，不利于缓苗，甚至造成种苗死亡。洇畦时用水管浇水漫灌，不但有利于畦面沉降，紧实土壤，而且可以造底墒。

【提示】 如果在施用底肥时量过大，或者连年种植时积累的养分过多，可以采用灌水洗盐法。用水管对畦面浇大水，可以将土壤中的大部分盐分淋洗到地下，减轻肥害。

第六节 定植前的准备

一 安装滴灌设施

日光温室草莓栽培多采用高垄栽培，传统的漫灌不利于冬季日光温室草莓生产的需求，为此多采用滴灌方式进行灌溉，省水、省工，增产、增收。

1. 组成部分

滴灌系统主要由首部枢纽、管路和滴头3个部分组成。

（1）首部枢纽 首部枢纽包括水泵（及动力机）、化肥罐过滤器、控制与测量仪表等。其作用是抽水、施肥、过滤，以一定的压力将一定量的水送入干管。

（2）管路 管路包括干管、支管、毛管及必要的调节设备（如压力表、闸阀、流量调节器等）。其作用是将加压水均匀地输送到滴头。

（3）滴头 滴头的作用是使水流经过微小的孔道，形成能量损失，减小其压力，使它以点滴的方式滴入土壤中。滴头通常放在土壤表面，也可以浅埋保护。

2. 安装

一般每畦铺设2条滴灌带（管），滴头间距可根据定植密度进行调整，常用滴头间距为20cm。滴灌管参照滴灌有关规范进行安装。滴灌湿润深度一般为30cm，滴灌的原则是少量多次，不要以延长滴灌的时间达到多灌水的目的。

【注意】 滴灌带（管）铺设时，进水口远端长度应超出畦面20~30cm，留出收缩的余量，可以使靠近过道的畦面部分也能浇水湿润，均匀浇水，防止草莓局部缺水及病虫害发生（见彩图24）。

3. 优缺点

（1）优点 节水、节肥、省工。滴灌属全管道输水和局部微量灌溉，使水分的渗漏和损失降到最低限度，可以比喷灌节水35%～75%。灌溉可方便地结合施肥，即把肥料溶解后注入灌溉系统，由于肥料同灌溉水结合在一起，实现了水肥同步，降低了生产成本。由于株间未供应充足的水分，杂草不易生长，因而草莓与杂草争夺养分的干扰大为减轻，减少了除草用工。

控制温度和湿度。因滴灌属于局部微灌，大部分土壤表面保持干燥，并且滴头均匀且缓慢地向根系土壤层供水，对地温的保持、回升，以及减少水分蒸发，降低室内湿度等均具有明显的效果。

保持土壤结构。在传统沟畦灌溉的较大浇水量作用下，设施土壤受到较多的冲刷、压实和侵蚀，若不及时中耕松土，会导致土壤严重板结，通气性下降，土壤结构遭到一定程度破坏。而滴灌属微量灌溉，水分缓慢且均匀地渗入土壤，对土壤结构起到保持作用，并形成适宜的土壤水、肥、热环境。

提升品质、增产增收。由于草莓根区能够保持着最佳供水状态和供肥状态，故能提升品质、增产增收。

（2）缺点 易引起堵塞。滴灌系统的堵塞是当前滴灌应用中最主要的问题，严重时会使整个系统无法正常工作，甚至报废。

可能引起盐分积累。当在含盐量高的土壤上进行滴灌或利用咸水滴灌时，盐分会积累在湿润区的边缘引起盐害。

二 安装遮阳网

遮阳网俗称凉爽纱，是以聚烯烃树脂为主要原料，经加工拉丝后编织成的一种轻质、高强度、耐老化网状的新型农用覆盖物（见彩图25）。遮阳网主要用在夏季草莓棚上，起降温、防雨、防虫等作用，为夏季草莓生长创造良好的环境条件。

安装遮阳网具有以下优点：减弱光照强度和降低温度。使用遮阳网遮阴，可使盛夏时遮光率达35%～75%；减少土壤水分蒸发。覆盖遮阳网有较好的保墒、促进植株生长的作用。在连续晴天的条件下，对于0～10cm土层中的水分含量，覆盖遮阳网比不覆盖多出1倍以上；遮阳网还具有减轻雨滴机械冲击力、防虫与防病的作用。

经过旋耕后的土壤要立刻做畦，同时要用遮阳网进行遮阴。覆盖时间从做畦到草莓种苗完全缓苗。这段时间较长，应该将遮阳网固定在草莓棚上，防止被风吹坏。

【注意】 在草莓生产上，遮阳网要求为60%以上的遮阳率，一般选择遮阳率为75%的遮阳网。遮阳率高于80%的遮阳网太厚，通风不好，容易引起病虫害；而遮阳率低于60%的遮阳网，遮阳率不强，起不到遮阳降温的效果。

三 种苗处理

1. 种苗的暂时存放

因为目前草莓出圃和运输过程中没有实现冷链储运，草莓植株会很快失水萎蔫，损害最大的是草莓根系，严重地影响了草莓苗的成活。为此，在草莓种苗运来后必须建立一个适宜的暂时储存场所。如果有冷库，可将种苗暂时存放于冷库中，冷藏的适宜温度为 -1 ~ 5℃，种苗堆放不能过于紧密，不利于种苗的呼吸。冷库存放时，北方地区在 9 月 20 日之前完成定植即可。如果没有冷库，则要选择一个合适的存放场所。该场所要求避风、阴凉，有效减弱种苗的蒸腾作用，保持其活力，一般在温室后墙用遮阳网搭棚或在工作间存放。运输时，种苗密集积累过多热量，需及时打捆散热、进行降温，降低种苗自身的消耗。为避免暂时存放的草莓种苗根系失水导致种苗死亡，需及时喷水。为了快速恢复植株的含水量，最好采取全株喷水。喷水后为避免种苗失水过快，可用湿毛巾包裹根部或用湿草苫盖在草莓苗上，缓解草莓根系失水的速度，保持根系的含水量，保护好草莓的须根系。

【提示】 由于草莓种苗在缓苗的过程中会存在一定的死亡率，在生产上要提前备苗，购买种苗时预先多购置 20% 左右的种苗。种苗定植完后，将多余的种苗进行假植，放至温室后墙阴凉处。发现有死苗或出现红中柱根腐病时，用假植苗进行统一补苗。

2. 种苗的分级

种苗的大小分级是草莓定植的关键环节，大苗与小苗分开种植便于后期的管理。在草莓苗分级过程中，要遵循大小相对分级，不是一个固定的标准。在草莓生产中，一般分为 A、B、C 3 个等级。A 级标准：新茎粗 1cm 以上，4 叶 1 芯，10cm 长的主根 10 条以上。B 级标准：新茎粗 0.8cm 以上，3 叶 1 芯，8cm 长的主根 8 条以上。C 级标准：新茎粗 0.6cm 以上，3 叶 1 芯，6cm 长的主根 6 条以上。新茎粗小于 0.4cm 的草莓植株不适宜温室促成栽培。

3. 种苗的修剪

在给草莓种苗分级的过程中，需要将草莓根系及种苗上携带的老叶、病叶、匍匐茎一起去掉。近年来，草莓病害发生严重，尤其是土传病害呈高发态势。为此，在修剪种苗时要注意尽量减少伤口，降低病菌入侵的概率。

草莓根系保留 15 ~ 20cm，避免过长而导致窝根，过短则伤害过多的毛细根而不利于缓苗。在去老叶和病叶时，如果叶柄基部的叶鞘没有形成离层，不宜强行掰去叶柄，否则从草莓基部的伤口流出大量的伤流液，降低草莓植株的抗病力；应该保留一段叶柄，叶柄长度最好在 16 ~ 20cm，以利于后期快速去除老叶柄。如果草莓植株叶片较大且很多，应该在定植时将叶片的 1/3 ~ 1/2 用剪子剪掉来减少叶片水分散失；在去匍匐茎时应注意，如果匍匐茎较粗，最好用剪子在距离种苗 10cm 处截断，不要直接在根部扯断，否则造成较大的伤口，容易使致病微生物侵染，让植株感染病害。

小技巧

1）基质苗的正确处理：基质苗具有缓苗快等优点，但如果定植不好容易早衰或出现明显的断茬现象。在定植前要适当将草莓根部的基质捻松散，让根系适当自然脱落下来。但不要把基质全部都抖下来，这样就失去基质苗的优点。稍长的根系可以适当短截，在定植时将草莓坨快速在药液中蘸一下即可进行定植。

2）不同质量的种苗采取不同的叶片修剪处理措施：由于种苗质量参差不齐，在修剪时也要采取不同的处理措施。如果草莓种苗的叶片太大，可剪掉叶片的1/2；如果草莓种苗尤其是基质苗的株高超过40cm，可将叶片全部去除，控制其生长；株高在30 ~ 40cm 的，可剪掉叶片的1/2；株高在20cm 以内的，叶片可不用进行修剪。

4. 种苗的消毒

草莓防病从早做起，草莓种苗在起苗、运输、整理过程中多少会造成不同程度的损伤，而此时温度又较高，很容易感染各类致病菌，因此在草莓种植时将整理好的草莓种苗进行清洗和消毒，可以有效防止各种病菌对草莓植株的侵染。

（1）种苗的清洗 如果选用的是裸根苗，最好不要直接种植，将草莓苗放在空地上不要着土，用水管冲洗草莓种苗5min左右，尤其是根茎部，一方面降低种苗附带的致病微生物，同时又给草莓种苗补充水分。标准是叶片中不能带泥，冲洗干净的种苗立刻移到无风阴凉处并用保湿棉被覆盖，防止起热。

（2）种苗的消毒 对种苗进行浸泡消毒，既可以杀死致病菌，又可以为草莓苗提供水分，补充运输过程中草莓苗失去的水分，提高草莓种植的成活率。可选用25%阿米西达悬浮液3000～5000倍液、50%多菌灵可湿性粉剂500倍液或25%醚菌酯3000倍液等广谱性杀菌剂对草莓种苗进行消毒。消毒药液应随用随配，并注意及时更新，不可一次配药长久使用，从而影响消毒效果（见彩图26）。

小技巧

1）种苗浸泡消毒后晾干：有效的做法是先将阿米西达药剂或多菌灵等杀菌剂配成母液，再用较大的容器稀释，将整理好的草莓种苗整齐放入容器中，先放草莓的根部后整株没入，用手掐住草莓根茎部上下提蘸，禁止将草莓苗长时间浸没于水中，浸泡时间一般在3～5min，最后将整个草莓植株完全按进药液中浸一下迅速提起，在阴凉处晾干草莓植株上的药液就可以定植了。

2）建造方形池子进行种苗大量消毒：由于每栋温室用苗量都较大，普通的容器相对较小，难以满足需苗要求，可以在背风、平坦的地方用砖垒一个长形池子，池子的高度为2块砖高，宽度为40cm，长度在5m左右，底部和四周用完好的棚膜

铺好并放入清水，水深在5cm即可，能够淹没草莓根部就行。然后，按池中水量撒入阿米西达或多菌灵搅混均匀备用。

3）做好植保措施：无论裸根苗还是基质苗，最重要的是在种植前检查草莓种苗是否有白粉病或红蜘蛛侵害的症状。根据残留的病斑在消毒过程中加入相应的药剂进行防护。尤其基质苗以防治红蜘蛛为重点。建议如果有红蜘蛛为害，最好用乙唑螨腈悬浮剂进行彻底的杀虫、杀卵处理。

4）种苗复壮：草莓种苗如果太细或已经萎蔫严重或已经起热，可将种苗冲洗后进行简单的假植进行复壮。假植畦选择早上可以晒到太阳、下午稍微有点遮阳、地势高的地块，不要选择积水内涝的地方。假植槽内配基质，简单地将草莓松散码放就可以，不要太紧，叶片不要过于紧密，必要的时候可以用竹竿隔离一下防止起热。从底部注水漫到种苗根茎以上即可，之后就不要轻易浇水。每次浇水最好在17：00左右进行，全部采用底部漫水，禁止从上部浇水。一般3天以后就可以长出新根，即可进行定植。

第七节　定植

草莓在我国是典型的节日经济作物，集中上市时间赶在春节期间，草莓的价格高，经济效益也就很高，时令性很强。在北方日光温室促成栽培方式中，草莓的生长季节在寒冷的冬季，如果定植时间过晚，草莓的营养体在寒冷到来之前没有足够大，那么在以后的生长季节中不容易长大，在草莓最佳的黄金产量时期（春节前20天）产量不高，经济效益自然不高，可见适时定植是草莓生产中重要的环节。

根据北方日光温室促成栽培的草莓种植规律，草莓的最佳定植期在处暑（8月23日前后）到白露（9月8日前后）之间最好。如果种苗较弱，要适当早栽；生长健壮的种苗适当晚栽；假植苗应该晚栽，一般在9月15日~9月20日；营养钵苗生长旺盛，一般在10

月 10 日前后种植。

在定植时根据草莓品种特性确定草莓株距，一般欧美品种的株距为 20～25cm，日系品种的株距为 18～20cm。定植时一般采用双行丁字形交错方式进行。

一 定植操作

定植时，选取一根木棍，根据草莓品种适宜的株距截成统一标准长度，用其在畦面上画出记号作为定植的距离，保证定植方向整齐、均匀。在距草莓畦面边缘 10cm 处用花铲深挖定植坑，将经过整理和药剂处理的草莓苗的根系顺直，垂直于畦面填土，并将草莓苗周围的土按实（见彩图 27）。

草莓定植后要及时浇定植水，最好是在定植时边栽边浇，防止种苗严重失水，定植后再采用滴灌浇水，此次浇水一定要充足。浇水的标准是看到畦面有积水时，就证明浇足了，停止浇水。定植完再将大棚的遮阳网盖严，尽量不要让太阳直射草莓苗，防止草莓苗失水萎蔫。

在定植前，开展温室消毒，可防治病虫害，利于草莓苗缓苗。杀虫剂可选用 11% 来福禄 5000 倍液或 18g/L 阿维菌素乳油，杀菌剂可选用 20% 粉锈宁可湿性粉剂 1000～2000 倍液或 15% 三唑酮 1000 倍液。要对整个温室进行药剂喷施，草莓畦、温室过道、后墙、两侧山墙、温室前脚 1m 处都要均匀喷施。

在草莓定植前 2～3 天，一定要湿润一下草莓定植畦，具体办法如下：首先微开滴灌阀门，让水慢慢地滴在畦面上，当畦面上有明水即形成小的水面时停止浇水，让水自由下渗。过一天后草莓畦面微干，用花铲挖畦面时土壤湿润但不成泥状就可以定植草莓，如果有泥浆就不要栽苗，否则栽苗时土壤含水量过高，水渗下去后草莓苗周围很容易形成硬块，晴天后土壤更硬，造成透气性差，草莓生长不良。

栽苗前给草莓畦创造适宜的土壤湿度利于种植草莓，提高草莓苗的成活率。如果连续阴雨天造成畦面土壤含水量大，就要打开遮阳网加强光照和通风，促进畦面水分蒸发。如果畦面过于干燥，在定植前一天可以用花洒在表面洒水，让畦面湿润，定植草莓苗要求

草莓畦的土壤含水量为50%～60%。

二 定植要点

1. 定植方向

草莓苗的花序从新茎上伸出有一定的规律，即从弓背方向伸出，为了便于授粉和采收，应使每株抽出的花序均在同一方向。因此，一般高垄定植时，花序方向即弓背应朝向草莓畦外侧，使花序伸到畦面外侧坡上结果，便于蜜蜂授粉和果实采收。

【提示】 草莓种苗匍匐茎抽生的方向与弓背的方向是一致的。在实际定植过程中，一般将弓背朝向草莓畦外侧，如果种苗已抽出匍匐茎，在定植时，可根据匍匐茎方向判断定植方向，即将抽生匍匐茎一侧朝向草莓畦外侧。

卧栽可提高成活率。卧栽就是在栽培过程中采用槽式栽培，在草莓畦表面挖个深15cm的槽，其中一侧为直立，将草莓苗像种大葱一样按照固定株距斜码放，将土埋住草莓苗根系2/3，稍微压实，沟灌水。要缓慢灌满，自然下渗。草莓苗不需要直立种植。第2天覆盖住剩余的根系，这样草莓定植成活率高。

浇水技巧如下：浇完定植水，草莓根系露出1cm，在第2天早上再将露出的1cm根系覆盖好再结合浇水。第1天根系露出1cm是为了让刚定植的草莓根系能呼吸到氧气。该方法可以极大地提高草莓的成活率，并且不埋芯，杜绝芽枯病和弱苗现象。

【提示】 对于土壤黏重、只铺设一根滴灌管的草莓畦面而言，建议在定植时，将行距由20cm减少到16cm或18cm，即向中间靠拢，便于浇水，行距太宽则容易失水。

2. 定植深度

定植深度是草莓成活的关键。合理的定植深度应使苗芯的茎部与地面平齐，使苗芯不被土淹没，做到“深不埋芯，浅不露根”。定植过深，苗芯被土埋住，易造成烂芯死苗；定植过浅，根茎外露，不易产生新根，易使苗干枯并死亡。如果畦面不平或土壤过喧，浇水后易造成草莓苗被冲或淤芯现象，降低成活率。因此，定植前必须整平畦面，沉实土壤。

定植时为了快速简单地掌握定植深度，可以用手的大拇指、食指捏住草莓种苗，大拇指的指甲根部与草莓的根茎部对齐，如果埋土时发现大拇指的指甲根部埋入土中，就证明草莓苗埋深了；如果大拇指指甲露多了，就证明埋浅了。在生产中经常出现这样的错误操作，将土压实的过程中由于用力较大会将草莓根系翘起，形成 W 形草莓根系分布，这样草莓容易死亡；由于用力较大，在草莓的根茎部形成一个坑，在未浇水的时候不觉得种植深，可浇水后周围的土向中央移动，埋住草莓芯也会造成草莓死亡。为此建议在种草莓时可以将草莓的弓背朝外，将草莓苗倾斜种植在畦面上，草莓的成活率会提高。

【提示】很多草莓种植户在定植草莓苗时往往密植，认为苗多能高产。其实，由于冬季气温低，光照弱，光合作用差，碳水化合物合成少，因此只有适当稀植才能高产。在实践生产中，日光温室促成栽培以合理稀植为好，一般每亩栽草莓苗 8000～10000 株。为了充分利用空间，可采取前期密植，加强叶片管理，中后期适当逐渐疏除部分植株的管理办法，以叶枝不拥挤为准，从而提高总产量和总效益。

在定植时，要注意种苗的存放。还没来得及定植的种苗，放在避风、阴凉的地方，可有效降低种苗的蒸腾作用，保持其活力。对于暂时存放的草莓种苗，若发现根系失水，需及时喷水，最好采取全株喷水，也可用湿草苫盖在草莓种苗上，缓解草莓根系失水的速度，保持根系的含水量。

根据多年生产实践经验，具体定植时间应尽量选择在下午光照不是很强的时候，一般在 15：00 以后或阴天定植最好。定植时不使用遮阳网，加强空气流通，降低棚内湿度，减少病害发生。另外，夜间低温还利于缓苗。北京地区在 9 月 5 日～9 月 10 日定植，草莓

的成活率和丰产性最佳。

基质苗容易早衰，出现团棵现象，即根系团在一起，不向外延伸生长，所以在定植时应适当去除一部分基质。具体标准为拿手捏一下，根系松散，以自然下垂为宜，过长的根系需进行适当修剪，保留15～20cm。

【提示】 对于刚入门的种植者，种植深度把握宁浅勿深，露出一定的根系来，待定植水渗透充分，再将露根的草莓苗进行覆土，将根系盖严。

浇水时利用水管缓水慢浇，让水缓慢下渗，将定植穴沉实，之后才可以使用滴管，见明水即可。浇水时应围绕草莓苗四周进行，让水淌满定植穴，不应对着草莓苗浇水，防止草莓苗被冲倒，根系外露。浇完水最好再滴入噁霉灵进行枯萎病的初步防治。

生根粉能促进草莓根系的发生和根系的生长。在定植前，可用5～10mg/L萘乙酸或萘乙酸钠溶液，浸泡根系2～6h，以提高草莓缓苗成活率。对种植新手，不建议使用生根粉，因为浓度不好把握，使用量往往容易过高，反而抑制生长，不利于缓苗。也可使用生物菌剂蘸根，建议最好选用低浓度生物菌剂，一般选用放线菌较多，尽量不要用高浓度的芽孢杆菌，尤其是巨噬芽孢菌类，杀菌的同时也影响了草莓根际氧气的供应，不利于缓苗。

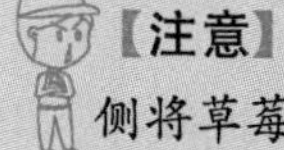

【注意】 对于保水性差的沙性土壤，在定植完成后，用脚外侧将草莓苗的一侧土壤略微踏实，有利于保水。

第八节　定植后的管理

定植后首要的任务是促缓苗、提高成活率。草莓苗从定植到完全缓苗生长这段时间的长短与草莓品种及是否是裸根苗有关。一般根系有保护的基质苗缓苗快，它们的根系较好，定植后缓苗时间短，需要3～5天。相反，裸根苗由于在种苗收获和运输过程中根系受到伤害，也就是说草莓种苗在收获后根系裸露的时间越长，定植后缓苗时间就越长，一般需要 7 ~ 10 天。同时，缓苗时间与品种也有关。例如，在相同情况下，卡姆罗莎的缓苗时间比甜查理就长。因此，在草莓缓苗过程中一定要加强管理，为以后的丰产打下良好的基础。

一 水分管理

草莓是需要水分较多的植物，对水分要求较高，一棵草莓在整个生育期中大约需水 15L，但不同生育期的草莓对土壤水分的要求也不一样。秋季定植期需水量较大，因为此时气温较高，地面蒸发量大，新栽的幼苗新根尚未大量形成，吸水能力差，若浇水不足，容易引起死苗，特别是基质栽培，由于基质空隙较大，透水太快易出现干旱。缓苗阶段，土壤应经常保持湿润，以量小勤浇为原则，确保秧苗成活。

草莓定植时正值温度较高，植株很容易萎蔫，为此在定植后每天采用微喷补水，这样既可以补水又可以降低草莓局部的温度，提高草莓的成活率。浇水尽量在 9：00 之前和 17：00 之后，避免在中午气温高时浇水。浇水时间一般在 20min 左右，注意不要浇水太多，水量过大会冲毁草莓畦，同时畦面湿度大导致草莓不容易生根。如果栽苗后阴天下雨就不要再浇水了。7 天左右芯叶开始生长，说明已缓苗成功，之后应减少浇水频率，不旱不浇水，保持土壤见干见湿。

【注意】 浇水后若出现种苗倒伏现象，不要盲目进行扶正，顺其自然生长即可。若扶正，会在操作过程中造成根系晃动，延长缓苗期。

在草莓生产上，如小白草莓、甜查理等品种，由于其缓苗时间较长，相较于其他品种，浇水的频率要增加，采取小水勤浇的原则。高温且干燥时，1 ~ 2 天浇水 1 次；正常情况下，2 ~ 3 天浇水 1 次。

对于健壮的种苗，新茎粗在 1.0cm 以上的，尤其是基质苗，缓苗时间短，为了防止其出现长势过旺的现象，要适当地控制水分，小水勤浇，满足植株需求的同时降低土壤水分，控制长势，完成缓苗后一般 3 ~ 5 天浇水 1 次。对于新茎粗在 0.6cm 以下的生长较弱的种苗，不能浇水过勤，2 天左右浇水 1 次，浇水量不宜过大，地皮水润，点浇即可。

二 光照管理

灵活使用遮阳网是提高草莓苗成活率的一个重要环节。草莓本身不耐高温，土温超过25℃，根系生长就几乎处于停滞生长状态，阳光直射，土温更高，严重影响缓苗，降低草莓苗的成活率。但是白天炎热，早晚却冷凉，对于刚定植的草莓苗，如果遮阳过度，草莓不容易生根，会使草莓苗细弱，严重的由于过长时间遮阳，温室内通风不畅，导致草莓苗腐烂。生产中常见的是表面上看草莓苗成活很好，等撤去遮阳网，草莓苗就会萎蔫甚至死亡。为此，在刚定植后几天中要注意合理使用遮阳网。

定植后将温室大棚的遮阳网盖严，定植第2天不要把遮阳网完全盖到地面，遮阳网距离地面40cm左右，以加强温室内的空气流通，促进草莓快速缓苗。在草莓定植第3天晚上撤去遮阳网，次日上午可根据草莓缓苗情况适当增加光照时间，当观察到草莓开始有轻度萎蔫时就要用遮阳网，遮阳网距地面1m左右，如果光线太强可以适当再放低些，但不能完全盖严。在16：00左右逐步撤去遮阳网，加大光照时间，即使撤掉遮阳网，草莓苗出现轻度萎蔫也不要紧。如果是阴天，则不要覆盖遮阳网。

【注意】 对于有防水保温被的温室，下大雨时应用保温被遮雨，及时撤掉棚膜，防止夜温高，造成草莓徒长。草莓畦比较结实的，在雨量不大时可不用保温被遮雨，让雨水直接淋洗草莓畦，这样能起到洗盐的作用。晴天无棚膜可让阳光直接照射草莓畦，有利于土壤升温。卸掉棚膜的时间尽量选择在下午温度不高时，避免高温时撤掉棚膜造成温度骤降，草莓苗难以适应。

三 植株管理

1. 缓苗期间不宜进行植株整理

缓苗期间，若摘除老叶、匍匐茎等，一是会造成伤口，增加病菌侵染，导致病虫害发生，降低种苗抗性；二是会晃动根系，影响植株根系的生长，从而增加缓苗时间，影响种苗的成活率。同时，缓苗期间不要喷施任何叶面肥，所有肥料或农药对叶面都有一定的灼伤作用。新叶展开后采用叶面喷施补肥。

【提示】 常见淤芯苗的错误处理方法，是将草莓苗直接上提，造成草莓根系下部空虚，无法正常着生，造成死苗现象。正确的方法是：草莓定植后第2天要及时检查，对于淤芯苗，要用铁丝将草莓苗周围的淤土挑开露出草莓芯，尽量不要用钝器，在草莓苗根部简单地拨开周围的泥土，因为此时草莓苗周围土壤的含水量很高，用加大的工具很容易在草莓苗根部形成泥块，不利于草莓生长；对于露根苗要用潮湿的土覆盖在草莓苗根部，在后期中耕时注意覆土即可，尽量不要拔出。如果大面积淤芯，则要用平铲在畦面适当下铲，以露出新茎为原则。

2. 修补畦面

在定植草莓苗和浇水时都会造成草莓畦面不同程度的损坏，畦面毁坏后要及时修补，如果修补时土壤的含水量较大，则暂时不要补，否则草莓畦修补部分就会严重板结，造成土壤的透气性下降，不利于草莓苗生长；如果土壤含水量较小，土壤较干也不利于修补草莓畦。修补的最佳时间是用手轻轻一攥土壤成团，松手后不散团就可以修补畦了。修畦最好在早晨进行，此时土壤潮湿易操作。工具最好用小平锹，便于铲土和拍打草莓畦两侧。

3. 正确判断种苗成活

可以通过以下3个方面的观察来判断种苗是否成活：

1）观察芯叶颜色。种苗成活说明根系已经生长出新的须根，能进行正常的水分代谢，根据顶端优势原则，此时芯叶供水充分，显现嫩绿色；而缓苗未成功种苗的芯叶，则因缺水显现深绿色。

2）观察芯叶是否吐水。种苗成活，其芯叶叶尖有吐水现象。吐水是根系正常活动的一种表现，也是证明草莓地上部分成活的依据之一。

3）观察种苗的整体状况。种苗整体瘫软，叶片发灰，则说明种苗还未成活，仍需要几天缓苗。成活种苗则从芯叶向外逐步挺立，叶片逐步恢复绿色。

4. 谨防芯叶打卷

根系是吸收水分、营养的重要器官，根系的生长状况直接影响种苗的质量、后期果品的产量等。苗期出现芯叶打卷是根系发育不良的外部表现。

（1）发生原因

1）定植前种苗根系修剪过短，影响根部正常生长。草莓种苗根部修剪一般保留 15～20cm。

2）种苗根部抱团，未展开根系就直接定植，导致定植后根系很难深扎，造成种苗根系浅，稳定性差。

3）缓苗期浇水过多，使土壤的含水量过大，导致生根困难。

（2）解决措施

1）调整浇水时间及用量：6：00 或 17：00 以后浇水，浇水见干见湿。晴天 10：00 或 15：00 左右可补浇 1 次，用滴灌设施浇 10min 即可。

2）合理使用遮阳网：晴天 8：00～15：00 使用遮阳网。种苗根系若腐烂，其吸水性较差，遮阳网能有效减弱种苗叶面的蒸腾作用，从而降低根系压力，避免种苗失水死亡。

3）化学药剂防治：用碧护 5000 倍液加 96% 噁霉灵可湿性粉剂 3000 倍液 1∶1 灌根。碧护主要起增强种苗抗性的作用，噁霉灵主要起抑制或杀死病菌的作用。

第九节　苗前期管理

缓苗后的 15 天左右一般为草莓苗的生长前期，此阶段草莓植株完成缓苗，开始生长。这段时间最主要的工作是进行控水控株，进行蹲苗，及时中耕除草，逐步去除老叶和叶柄，从而促进根系生长。

一　水肥管理

在缓苗后，最主要的是进行控水控株，从而促进根系生长。具体方法就是草莓完全缓苗后，新叶已经冒出，此时应当适当控制浇水，进行蹲苗，提高种苗的抗逆性，促进根系生长，促使草莓植株生长健壮。9：00浇水30min，下午控制浇水。如果草莓植株在中午出现萎蔫，覆盖遮阳网后很快恢复，则下午就不要浇水；如果萎蔫时间较长，那就在17：00后适量浇水。控制水量不等于不浇水，所以，浇水要视具体情况而定灵活处理。

幼苗期草莓需肥量不大，主要是根、叶等营养器官的建造，对氮、钾、钙等营养元素的需求量相对大些；幼苗成活后，一般在有2片叶展开时进行追肥，随滴灌追施氮、磷、钾比例为20:20:20+TE水溶性复合肥1.5kg/亩，浇水量为1t左右，促进植株生长，为花芽分化奠定基础。施肥早，易烧根；施肥过晚，不利于花芽分化。

当新叶展开时，着重补充磷钾肥，可叶面喷施0.1%的磷酸二氢钾溶液。对于叶片比较薄、植株较高的徒长苗，可叶面喷施8%氨基酸钾1000倍液。

草莓种苗成活后进入营养生长阶段，为保障其健康生长，需根据种苗的自身状况进行水分管理。在生产上，可根据新叶的情况来观察和判断种苗是否缺水：

1）新叶是否充分展开。新叶作为优化分配生长中心，其生长状况能直接说明种苗是否缺水。新叶能充分、平整展开，叶缘无明显小茸毛，说明种苗不缺水；反之，新叶皱缩，叶缘有明显的白色小茸毛，则说明种苗缺水。

2）新叶是否吐水。新叶叶缘吐水，说明种苗水分代谢畅通。由于根系吸收水分较多，而清晨蒸腾拉力相对较小，秋季夜温低、湿度大，导致叶片内多余的水分溢出并凝结在叶缘形成“吐水”现象，此现象说明种苗水分充足（见彩图28）。

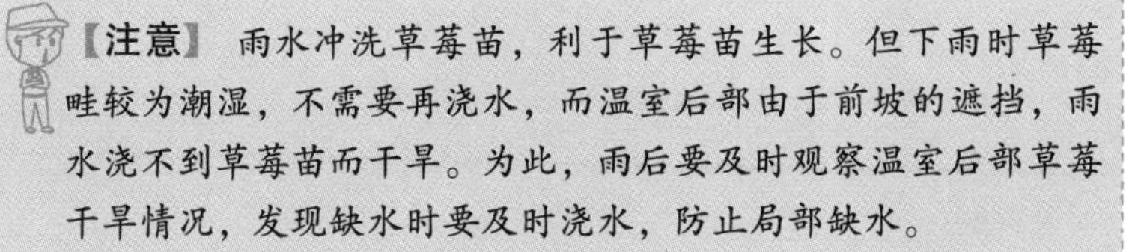

【注意】 雨水冲洗草莓苗，利于草莓苗生长。但下雨时草莓畦较为潮湿，不需要再浇水，而温室后部由于前坡的遮挡，雨水浇不到草莓苗而干旱。为此，雨后要及时观察温室后部草莓干旱情况，发现缺水时要及时浇水，防止局部缺水。

种植较晚的棚上还有遮阳网，在下雨时最好把遮阳网收起来，如果下雨时间较长，雨水汇集在遮阳网低洼处，最后滴下来，会把草莓畦冲毁。雨水较大导致有积水时，等雨停后要及时排水，防止

积水将草莓畦浸泡损坏，同时也防止水量大危害草莓苗。

二 光照管理

草莓苗完全缓苗后要及时去掉遮阳网，否则遮阳网容易老化和被温室骨架划破。将遮阳网折叠后压实，用绳子捆好，放入工作间中避光保存，以备来年4月使用。

三 适当浅中耕

苗期中耕是培育、促进草莓苗根系深扎和地上部分健壮生长的关键措施。一般情况下，秋季栽植的草莓，从定植到覆地膜以前需要至少进行3次中耕。此次进行第1次中耕，在栽植成活后结合检查种苗成活情况和补苗进行。在草莓缓苗过程中，由于经常浇水，使温室内土壤板结严重，土壤透气性差，抑制草莓正常生长，为此在草莓缓苗后首先要适度中耕。此时中耕宜浅不宜深，一般为1~2cm，保持先远后近、先浅后深、株旁浅行间深的原则。这次中耕可促进生根和根系生长，提高养分的积累，中耕时间与定植早晚有关，一般在9月上旬进行。

中耕时提前适度浇水，使土壤保持适度的湿润利于中耕，尽量不要在干旱板结的条件下进行中耕，这样会使土壤颗粒较大，容易使草莓根系裸露，造成草莓根系干枯，甚至死亡。中耕过深容易露根，过浅又起不到松土的作用，中耕深度要适度。

小技巧

中耕的注意事项

1）由于北方土壤普遍偏碱，浇水或下雨后，草莓畦面很容易返盐碱，所以在浇水和下雨后要及时中耕，要浅中耕防止返盐碱。

2）中耕松土，必须根据天气、苗情灵活掌握。对于生长正常或生长较弱的草莓，应多中耕、细中耕，促进生长。一般每隔7~8天中耕1次，并注意抓住降雨或浇水后，表土不干不湿的有利时机进行中耕松土。要求做到“耘锄行间串，锄头过垄眼，行间、株间都锄松锄透”，达到无板结、无杂草。

3）对于有旺长趋势的草莓，可采取近株深中耕的办法，切断一部分侧根，控制疯长。为了防止伤根过重，可采用倒边深中耕的办法，即在草莓行一边深中耕，深度5cm左右，如过几天仍有旺长现象，再在草莓行的另一侧深中耕。过于干旱年份，中耕宜浅、宜细，不宜深，避免伤根、跑墒。多雨年份，中耕也不宜太深，以防蓄水过多，影响草莓植株正常生长发育。

4）中耕时要注意对种植过深的种苗去掉周围的土，避免由于土壤埋住草莓生长点造成草莓生长不良，对于种植过浅而露出草莓根系的草莓植株，要利用中耕的机会进行草莓根部培土，对草莓根系进行保护。

四 及时除草

在定植后，草莓畦长期处于潮湿状态，外界温度适宜，杂草生长很快。当杂草较少的时候就要及时拔出，防止杂草快速生长，根系较大时拔出，毁坏草莓畦。在北方，杂草主要是马齿苋和牵牛花，其他杂草直接除掉就可以了。对于牵牛花这样的杂草，由于其是地下茎繁殖，简单除掉地上部分，很快会重新冒出来，因此要用小型锹把其根茎彻底挖出，在挖出牵牛花的地下茎时注意不要将根茎弄断，每小段根茎在土中都可以繁殖成新的植株，这样非但不能除去杂草，反而使杂草越来越多。对于马齿苋这样的杂草，要随时把拔出的马齿苋植株装进垃圾袋中，不要随意堆放，更不能长时间放在棚中，否则马齿苋就会生根复活形成新的植株。在草莓刚缓苗后不要使用任何除草剂。

【提示】 对于植株较大、根系较粗大的杂草，不要简单地用力拔，防止草莓畦侧面土层脱落，应该先用锄将杂草根部斩断，将地上部分去掉就可以了。不要过早过净地去除小草，适当保留一些小草，其根系在土中也能增强土壤的通透性，增加毛细管作用，保持水分，有利于草莓生长。

五 植株整理

当草莓新叶生长到3～5cm时就可以将草莓植株上的枯死叶片和烂叶去掉。对于那些枯死的老叶，用一只手扶住草莓植株，另一只手轻轻向侧面用力就可以将叶子去掉。剪掉的叶子一定要及时清除，不要放在草莓畦上，因为此时草莓畦面潮湿，很容易使叶片发霉，为致病微生物提供繁殖的场所。

摘除老叶的要点：

1）选择晴天有阳光的时候，早上露水落后，下午太阳落山之前。

2）在摘除草莓叶片时注意控制水分，当天不要浇水，草莓畦面要干燥。

【提示】 在缓苗期间不宜进行植株整理，缓苗完成后，可逐步去除老叶及种苗修剪时残留的叶柄。不宜一次性去除，防止影响植株长势。

针对温室草莓种苗整体缓苗不利，出现大面积萎蔫的现象，可对草莓种苗进行“剃头”。对发生萎蔫的种苗叶子进行修剪，保留一段叶柄或剪掉叶片的2/3，可减弱叶片的蒸腾作用，促进根系生长。保留叶柄时切勿修剪过短，防止伤口过度靠近，造成病菌侵染植株。有些老叶只是在运输或定植时受到机械损伤，并不是生理性老叶，这样的叶子叶片较大，叶柄较粗或叶柄基部没有形成离层，不容易去掉。此时最好用剪刀距叶柄基部10～20cm处剪掉烂叶，留一段叶柄在以后整理时再去掉。如果用手强行掰除叶片会动摇草莓根系，同时造成较大的伤口，导致致病微生物侵染，使草莓植株发病，不利于草莓健康生长。

六 及时植保

草莓植株进入正常生长时期，叶片变为深绿色。此时可用碧护8000倍液进行叶面喷施；也可结合浇小水湿润草莓根部土壤，用碧护5000倍液进行灌根。灌根时，每株草莓的灌药液量为100g左右。在灌根时可根据草莓畦面土壤的干旱情况灵活掌握浇水量，浇水的目的就是使药液能够顺利地进入草莓根部，并能快速水平和垂直扩散，刺激草莓根系生长。如果畦面干燥，灌药液时药液容易向四周流动，不容易渗入土中或渗入的深度不够，不能充分到达草莓根部；如果浇水量大，土壤的含水量较大，药液同样不能充分渗入草莓根部，影响灌根效果。一般掌握在土壤含水量为65%～70%。直观标准是看到水滴很快渗入土中就可以了。

进入9～10月，夜温开始降低，加上高湿的环境，草莓很容易感染红中柱根腐病，对草莓生产造成毁灭性危害（见彩图29）。种植时间过早或过晚、种植时温度过高或过低、种苗细弱、土壤黏重等都很容易诱使该病发生。红中柱根腐病初期，草莓植株不表现出病征，后期出现萎蔫症状枯死。为此，前期预防是防治根腐病的主要措施。在初期用代森锰锌混合醚菌酯加上黏着剂进行叶面喷施，使用噁霉灵对草莓植株进行灌根。中期用噁霉灵和烯酰吗啉混合新植霉素与黏着剂滴根部和进行叶面喷施。

对于红中柱根腐病死亡率超过50%的情况，建议整棚拔出，消毒后重新种植。

第十节 苗中期管理

定植后20～30天，进入秋凉季节，草莓开始旺盛生长，苗生长进入中期。此时已接近9月中下旬的花芽分化期，在这段时间要加强水肥管理，侧重追施磷钾肥，控制氮肥的施用，加强中耕，控制植株长势，采取各种措施促进草莓花芽分化。

一 水肥管理

在花芽分化前，停用氮肥，控制水量，进行蹲苗，促进花芽分化，生长过旺会延迟分化。因此，缓苗后不要追肥，水也要少浇，保持土壤湿润，不干即可。到9月下旬，第一花序开始分化，为促进花芽的发育，就要加强水肥管理，侧重磷钾肥，每7～10天追施1次磷酸二氢钾肥，每亩的使用量为1kg，结合浇水，浇水量为1～1.5t。浇水原则仍遵循带肥前浇5min清水，带肥后再浇5min清水，冲洗滴灌系统。

二 中耕除草

由于多雨，草莓畦面容易板结，土壤的通透性较差，降低了根的活性，如同把根密闭起来一样，严重影响草莓的正常生长。为此，天气放晴，苗地略干后进行一次全面松土，耕松之后，会使土壤颗粒之间的空隙加大，空气就容易进去，增加了根细胞的呼吸；呼吸作用加强了，可以加强蒸腾作用，促进了根毛与土壤中的矿质元素的交换，这样也就促进了根对矿质元素的吸收，减少了因根系缺氧导致的黄叶病。

在9月下旬进行第二次中耕，结合施肥和灌水进行松土除草，拔出病株和弱株，为根系生长和花芽分化创造良好的条件。中耕时，要求草莓中间部分深中耕，距离植株近的部分要浅中耕。在中耕时注意不要划伤草莓根系。

三 植株整理

草莓植株经过半个多月的生长有了2片大的功能叶片，2~3片新生的叶片，原来的叶片也呈现出老化的迹象，要根据草莓生长的实际情况适当地摘去老叶以促进新叶片的发生。老叶的标准是叶片的颜色明显加深，一般呈深绿色，叶面光亮，叶片下垂，叶柄基部明显和主茎分离，叶鞘部分有明显的干枯黄化，这样的叶片要去掉。还有一种情况是种苗带来的小叶片，缓苗后这样的叶片连同叶鞘也要及早摘除。如果草莓缓苗后植株较小，在去叶片时要考虑对种苗的影响，即草莓植株较小，只有1片老叶和1个新生长点的情况就不要去掉这片老叶。如果强行将这样的老叶去掉，很容易给草莓植株带来相对较大的伤口，削弱草莓的长势和抗病能力，给致病微生物侵染创造机会。这次要将前段时间遗留下的叶柄彻底摘除，让草莓新茎光滑，根茎部晒着太阳。

随着草莓的生长，侧芽开始发生。多余的侧芽要及早摘除，否则草莓侧芽生长很快，导致草莓叶片数量快速增长，由于叶片数量多，造成通风透光性差，草莓叶柄细长，叶片面积小且呈簇生状，这样的草莓植株一旦感染白粉病很难根治。草莓匍匐茎也随着抽生，匍匐茎是草莓的营养器官，但在生产园中，以收获草莓浆果为目的的植株，过多地抽生匍匐茎会消耗母株大量的养分，如任其生长，会影响花芽分化，严重影响产量，并降低植株的越冬能力，所以应适时摘除匍匐茎。经研究，在同样条件下，摘除匍匐茎后，草莓植株叶片大而多长势好，一般能增产 5% ~6% 。

最好选择晴天整理草莓植株，此项工作最好在 15：00 左右就停止，不要让草莓根茎部处在低温高湿的环境中，这样很容易引发各种病害。

四 及时植保

土壤中存在很多致病微生物，摘除老叶时会留下很多伤口，这些伤口包括人为的田间作业（折断叶片）、虫伤及草莓本身的自然裂口，在生长期久旱遇雨，蹲苗过度，深耕伤根，浇水过量造成地面积水、土壤缺氧，都给病菌侵入提供了有利条件。据试验，草莓在不同生育期伤口愈合速度不同：苗期伤口 24h 愈合；而团棵期后伤口 72h 才能愈合，所以这时期发病重。为此在摘叶后要及时进行喷药保护。一般常用百菌清、多菌灵、甲基硫菌灵等几种农药交替使用。

预防性植保会把病虫害扼杀在初期，其防治时间短、经济成本低、防治效果好、节省劳动力，最重要的是能有效地降低大规模病虫害的发生率，从而保护种植户的经济效益。苗期提前预防能有效降低花期病虫害的发生率，减少花期用药，避免因病虫害或药剂影响花芽分化，从而影响草莓果实的产量及品质。

在很多草莓种植区，种植户在草莓温室前面都种有各种作物，大白菜种植比较普遍，由于此段草莓苗期忙于草莓种植管理，对大白菜的种植疏于管理，造成大白菜菜青虫危害严重。同时，此段时间正赶上菜青虫羽化成虫，在草莓植株上产卵，幼虫危害草莓叶片，主要危害草莓的新叶，严重时草莓植株只留有叶柄，新叶和生长点全部被害造成草莓植株死亡。所以在此期间，除了采取常规预防性植保措施外，还应注意菜青虫的防治。

日光温室栽培草莓主要是促成栽培的方式，即草莓没经过休眠直接进入开花结果的一种栽培方式。为了适应这种栽培方式，草莓苗缓苗后一定要控制其长势。对于生长势较强的植株，要控制其长

势，对于生长势较弱的植株，要加强管理，促进其长势，总的要求是使草莓长势中庸。达到中庸的草莓植株会很顺利地通过花芽分化期。

（1）产生旺长苗的原因

1）种植时间偏早，9 月天气冷凉，很适宜草莓生长，如果生长时间较长，草莓苗很容易变成旺长苗。

2）种苗较旺。种苗较旺应该晚栽，否则生长势较强容易产生旺长现象。

3）最常见的是带土坨就近移栽，草莓缓苗时间短，有的几乎不经过缓苗过程，这样的种苗生长旺，很容易形成旺长苗。

4）草莓缓苗后过早追肥，尤其偏施氮肥促进草莓苗旺长。

（2）产生细弱苗的原因　种植时间过晚，一般在 9 月下旬，草莓苗缓苗后天气开始转冷不利于草莓生长；种苗细弱；种苗质量不够，尤其根系受伤的种苗；遮阳过度；浇水太勤；种植过密；草莓畦土壤和空气湿度过高，营养土氮肥偏多，而管理上未能及时通风透光也会出现细弱苗。

（3）对于壮苗的管理措施

1）控制水分，少施速效氮肥。草莓在栽培过程中，特别是花芽分化期，往往因氮肥过多，造成长势过旺，使得营养生长过剩，而生殖生长不足，抽生大量的匍匐茎。

2）营养调控。根据腐殖酸叶面肥、氨基酸叶面肥在一定浓度下能控制生长势的特性，可以叶面喷施这两种肥料。

3）划锄断根。当植株长势过旺时，可采取“划锄法”。一方面增加土壤的透气性，另一方面可使部分根断掉，有利于次生根下扎。

4）小水勤浇，满足草莓植株生长需求的同时降低土壤湿度。

（4）对于弱苗的管理措施

1）用碧护 8000 倍液叶面喷施，调节草莓植株体内的营养代谢，增加植株的光合作用，促进营养物质的积累，同时用碧护 5000 倍液进行灌根以促进草莓根系生长。

2）加强肥水管理，用 0.2% 尿素溶液加 0.2% 磷酸二氢钾溶液灌根；或者用黄腐酸钾灌根，可取得良好的效果。

3）浅中耕，促进草莓根系快速生长发育。

（5）对于徒长苗的管理措施 控制浇水次数和棚内温湿度，减少氮肥的施入量。

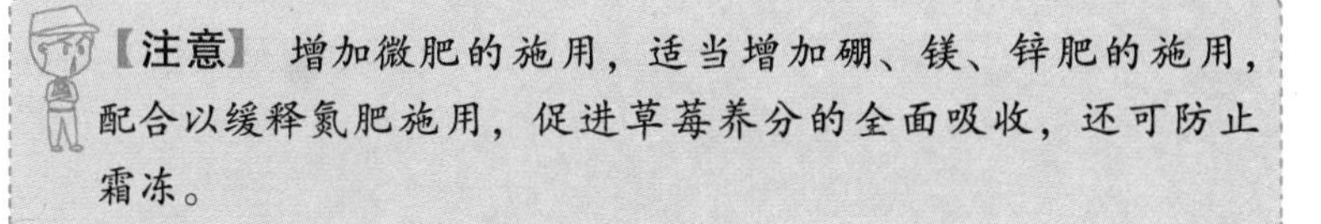

【注意】 增加微肥的施用，适当增加硼、镁、锌肥的施用，配合以缓释氮肥施用，促进草莓养分的全面吸收，还可防止霜冻。

草莓苗开始抽生匍匐茎，若假植苗不足以补苗或无多余草莓种苗，可保留一定数量生长健壮的匍匐茎留作补苗使用。

方法一：待匍匐茎苗长到1叶1芯时，剪断后将子苗种植在营养钵中。营养基质采用草炭、蛭石、珍珠岩按2:1:1的体积比均匀混合后装入钵中，定植浇水后将草莓钵放在温室后墙相对遮阴的地方，由于基质疏松透气，草莓生长快。在种苗生长到2片叶时，可以将草莓苗连同营养基质一同装入事先在草莓畦缺苗处提前挖好的定植穴中。

方法二：选择缺苗处周围的健壮植株，留取其匍匐茎，将匍匐茎苗压在缺苗处，匍匐茎可以一直保留，也可以在匍匐茎苗生根后，距离匍匐茎苗一侧3~4cm处剪断（见彩图30）。

第十一节 苗后期管理

进入10月初，草莓进入苗生长后期。由于草莓植株快速生长，此阶段要及时追肥，加强中耕，对植株进行整理，去除侧芽和匍匐茎，保持养分供应，并进行病虫害的防治。另外，由于天气温度越来越低，要及时扣棚保温，完成地膜的铺设及保温被等设施的安装，保证草莓成功越冬。

一 水肥管理

在草莓苗生长后期，草莓植株逐渐开始花芽分化，在此期间继续控制水分。另外要控制氮肥的使用量，适量增加磷钾肥，可叶片喷施0.2%磷酸二氢钾溶液，促进草莓花芽分化顺利进行。

叶面肥施用量少，效果迅速明显，提高了肥料的利用率，是一

种既经济、效果又好的施肥措施，特别是一些微量元素的叶面施用，更有独到之处。磷酸二氢钾就是常用的叶面肥，其全溶于水，吸收利用率高，见效快；不含（Cl^-）；迅速提供和补充草莓对磷、钾的需求，促进花芽分化，提早开花；提高结实率，促进早熟；增进千粒（单果）重；改善品质，增产增收。由于叶面喷施是通过叶面气孔吸收进植株体内，所以喷施时间一般选择在半阴天或晴天10：00以前或14：00以后，用喷雾器喷叶面、叶背都尽量喷到为好。上午或傍晚，叶面气孔开放，气温不高，蒸发量小，易于吸收，如在中午阳光强烈时，气孔关闭，蒸发量大，不易进入体内。一般草莓植株的喷施浓度低些，粮食作物可高些；气温高时喷施浓度低些，气温低时浓度高些。

【提示】 为了控制施肥量，防止施肥过多刺激草莓营养生长，对于生长旺盛的徒长苗，可叶面喷施一定浓度的氨基酸叶面肥或腐殖酸叶面肥，不但可以补充植物所需的营养元素，还可以控制草莓苗的生长势。

二 中耕除草

为了便于开沟施肥，要提前中耕，中耕后土壤的含水量下降，同时也有利于提高土壤温度，此次中耕要求全面，草莓畦中间部分中耕深度为3～5cm，据草莓植株中耕深度逐渐变浅，到草莓植株时深度在1cm左右，尽量不要伤了草莓根系。中耕后草莓畦面土壤疏松，通气性强，很容易将热量传到深层土壤中，为此，中耕后要充分利用阳光照射畦面，提高土壤温度。

三 植株整理

摘弱芽、去老叶、剪匍匐茎是在草莓的生长季节需经常多次进行的重要管理工作。此时，草莓生长速度明显加快，叶片更新很快，侧芽、匍匐茎开始大量发生，要及时进行植株整理，保持养分供应。

1. 去除老叶

草莓叶片的生长发育是不断更新的过程，当植株上的叶柄基部开始变色，叶片呈水平状且变黄，说明叶片已经衰老，其光合自养能力已经满足不了自身呼吸的消耗，因此，这样的叶片应及时去除。去除老叶，可减少养分消耗，促进新茎发生，改善通风透光条件，减少病虫害的发生，加速植株生长。摘除后的老叶，常带有病菌或虫卵，不要丢在草莓园，应集中起来烧毁或深埋，以减少病原菌的传播。

2. 去除匍匐茎

草莓匍匐茎从生长初期开始就有少量发生，在开花前期发生较多。匍匐茎是草莓的营养繁殖器官，发生越多，消耗植株的养分就越大，并且会影响花芽分化，降低植株的产量。因此，及时摘去匍匐茎可减少植株的养分消耗，能显著提高产量和果实品质。

3. 去除侧芽

种苗栽植成活开始生长后，会产生许多侧芽，并不能形成花芽，即使形成花芽，植株也无力负担，因此，要及早掰掉。一般除主芽外，在植株外侧再保留 1 ~2 个粗壮的芽，其余小侧芽全部摘除。由于顶花序开花早，侧花序开花晚，留侧芽可以补偿顶花芽“不时出蕾”或花期低温冷害、霜害所造成果实畸形带来的产量损失，过弱的侧芽由于抽生花序细弱，花朵数少，果实小而少，应及早疏去以节省营养。进入 9 月，夜间温度降低，空气湿度和近地面湿度较大，在摘除侧芽时最好选择在晴天上午，15：00 之前完成。如果完不成可以改天再做。

在草莓花芽分化期间最好不要过度摘除老叶，尽可能多地保留草莓叶片。只要是草莓叶片没有毛病，叶片不达到老化的程度都要保留。抽生出的侧芽如果有叶片也要保留，只是把侧芽的生长点去掉，以满足草莓生长所需的叶幕量。

补苗是种植草莓常见的工作，在草莓的缓苗过程中经常会由于栽植过深、种苗染病、浇水不足等原因造成死苗现象，对于已经死亡或较弱的草莓苗要进行补苗操作。

进入 9 月中下旬，草莓植株开始快速生长，植株高度不断增加，新的叶片不断出现。如果在苗期发现死苗现象就在草莓畦新补苗的话，此时温度已经开始降低，新种植的草莓苗生长速度缓慢，在同一个畦中会出现大小苗的现象，在整个温室中由于草莓植株生长不

一致，无法统一管理。所以在生产上，建议在扣棚前进行一次统一补苗工作，如此可确保草莓整体长势一致，便于日后生产管理。

补苗最好在17：00左右，温度降低时进行，这是因为温度较低，植株不容易萎蔫，利用夜间相对较低的温度和较高的空气湿度，草莓植株有充足的时间吸取水分，活化组织细胞，促进植株生长，第2天植株从低温到高温逐步适应外界的温湿度，很容易成活。

补苗具体可以从以下3个方面进行：

（1）弱苗贴栽 对于长势弱的草莓苗，可在原种植位置旁边直接贴栽，不用等到原苗彻底枯死再补苗，这样耽误的时间长，容易造成棚内的草莓苗长势参差不齐，不易统一管理。

（2）死苗补种 对草莓地中的缺株，或者黄萎病株连土一并拔除后，做好补植工作。对于草莓叶片呈深绿色，并且叶片边缘有些干枯迹象的植株，可以选择拔掉。在补苗前需要对病穴进行消毒，以免造成二次侵染，一般采用生石灰消毒病穴。补苗应以假植后的粗壮苗为佳，并且带营养土补植，以确保种苗成活。

（3）巧用匍匐茎 待匍匐茎苗长到1叶1芯时，剪断后将子苗种植在填入基质的营养钵中，定植浇水后将草莓钵放在温室后墙相对遮阴的地方。假植后的匍匐茎苗生长快、长势好，待苗生长到2片叶时，可以将草莓苗连同营养基质一同装入事先在草莓畦缺苗处提前挖好的定植穴中。

四 及时植保

北方地区9月下旬~10月上旬，气候干燥，天气闷热，而植株处于营养生长的快速阶段，叶片数量多、侧芽和匍匐茎发生量大，植株间通风透光性差。由于天气干燥，浇水量大，温室内湿度增加，而10月温度下降，导致这段时间成为白粉病的第1个高发期。由于白粉病传播速度快、容易反复发生，所以应及早预防。干燥少雨还有利于蚜虫的繁殖，作为病毒病的传播者，其传播病毒病造成的危害远远大于直接危害，而且由于其繁殖和适应力强，防治难度极大。

因此，在此段时间，应重点防治白粉病和蚜虫。在生产上，可通过及时摘除老叶、病叶，喷施药剂来进行防治。白粉病防治可使用阿米西达、翠贝等药剂，蚜虫可使用吡虫啉、抗蚜威可湿性粉剂等药剂进行防治。干燥的环境还易发生红蜘蛛，可选用联苯菌酯、乙螨唑等药剂来防治红蜘蛛等螨类。喷药的注意事项如下：

1）科学配药。要用专用的称量工具准确称量药品，并先配成母液后再在喷雾器中定量。禁止超量使用农药和不合理地混配农药。

2）喷药最好在晴天上午温度为20～25℃进行，温度过高和过低都不利于药效的发挥。

3）喷药时要全面喷透，掌握“罩、掏、扫”三字诀。同时，为了保证效果最好加入黏着剂提高药效。

【提示】温室靠近后墙2m内的部分草莓白粉病发病最重，棚前部1m内的草莓白粉病发病次之，中间部分发病较轻。所以，距温室后墙2m处是最早发现白粉病的最佳部位。

五 开沟施肥

进入10月，草莓植株较大，基本上可以封垄了，个别的可以看到小花蕾，这时就要进行施肥，以满足草莓对养分的需要。草莓对肥料的要求比较全面，除施足基肥外，还应适当进行追肥，此次施肥后在很长一段时间内不再进行施肥，因此，这次施肥要兼顾速效和长效。

1. 肥料的选择

生产上经常使用有机无机复混肥，既含有大量元素，也含有一定量的有机质。与普通单一无机肥（如硫铵、过磷酸钙、磷铵、硫酸钾）相比，有机、无机复混肥不仅肥效高，利用率高，肥效期也长，甚至一季只施一次肥（不必再追肥），而且还具有改良土壤、改善草莓品质、提高草莓抗逆能力（包括抗旱、抗寒、抗病虫害、抗盐碱等）、防治各种污染的作用。在有机无机复混肥中，含腐殖酸的复混肥的综合性能最为优越。一般400m^2的温室用有机无机复混肥30～40kg。这次追肥如果时间过早及施肥量过大，则会造成灼伤幼苗；过晚则对前期促进作用小，对成花不利。如果没有有机无机复混肥就采用氮、磷、钾比例为15:15:15的硫酸钾型复合肥15kg与硫酸钾2kg混合后使用。

2. 操作规程

施肥方式上要求最好采用开沟施肥，不要穴施，这样不但可避免烧苗现象，还可提高施肥效果。开沟施肥要求：开沟深度为3～5cm，开沟宽度为10～15cm，中间深两边浅，将肥料按着总共用量均匀分摊在每个草莓畦上，把肥料沿沟均匀撒施后用手轻轻搅拌，使肥料和土均匀混合后合上施肥沟，用浮土盖上裸露的肥料。施肥后要浇水，以后土壤见干时再浇水。

3. 整理草莓苗

在开沟施肥中很容易疏忽的一件事就是开沟时将中间的土清理到距草莓植株很近的地方，施肥完毕后没有及时将土壤恢复，多余的土堆在草莓边上，很容易埋过草莓生长点，当浇水时就会造成淤芯，严重的会造成草莓芽枯病的发生和草莓植株死亡。因此，在开沟施肥后一定要清理苗芯，将淤芯苗、深栽苗进行最后一次清理，并将园地整理干净，完成上述工作以后可进行一次病虫防治工作，用75%百菌清可湿性粉剂或70%甲基托布津可湿性粉剂进行混合喷施，植株叶片正反面、苗芯及园地土壤表面都要喷到。这次喷药要求均匀喷布。

在开沟过程中，同时可将草莓畦沟进行整理。适当的草莓畦宽度不仅有利于草莓种植密度的合理提高，更有利于草莓采光。其实在都市农业和观光农业迅速发展的今天，观光采摘是农产品利润最高的一种销售方式。为此，在生产优质农产品的同时一定要创造良好的采摘环境，在草莓生产中特别注意给草莓采摘者以方便的采摘空间。草莓沟是影响草莓采摘者舒适程度的一个重要方面，如果沟面倾斜度大，沟底面窄，不利于采摘者站立，换句话说，采摘不舒服就会影响采摘量。在休整草莓沟时要将草莓畦沟底部铲直，将底部空间做大，方便采摘者在畦沟里站立行走。具体做法是使草莓畦的上部具有一定的倾斜角度，利于草莓果实着光，在靠下部用铁锹铲直，沟底部铲平开出较大空间。多余的土垫在过道上或垫在草莓畦前部，在上面可以种些喜冷凉作物，既充分利用空间也可以增加收入。

如果草莓苗整体生长旺盛，多属壮苗，则无须开沟施肥；如果草莓苗较弱，生长情况不良，则需要进行开沟施肥，每亩的施肥量为10kg。对于长势中庸的苗，开沟施肥量为每亩约15kg，如此可以补充草莓苗所需的营养元素。

缓释肥能延缓养分的释放速率，降低硝酸盐淋失量及磷、钾的流失，提高肥料的利用率，降低环境污染，增产增收。在开沟施肥时，施用草莓专用的缓释肥，一般选择控释期为3个月的较为适宜。在施用时，肥料应与草莓根部保持适当的距离，防止因浓度过高烧伤草莓植株。

【注意】一定要让肥料和土壤均匀混合后再进行覆土、浇水，防止肥料挥发，灼伤草莓叶片。

六 扣棚保温

适期扣棚保温是草莓促成栽培中的关键技术，遵循弱苗早扣、壮苗晚扣的原则。保温过早，室温过高，不利于腋花芽分化，坐果数减少，产量下降；保温过晚，植株易进入休眠状态，植株一旦进入休眠，则很难打破，会造成植株生育缓慢，严重矮化，开花结果不良，果个小，产量低。因此，适时保温，应根据休眠开始期和腋花芽分化状况而定，应掌握在休眠之前腋花芽分化之后进行。一般靠近顶芽的第一腋花芽在顶花芽分化后1个月左右开始分化。因此，在顶芽开始分化后30天左右、新茎开始膨大时进行扣棚膜保温较为适宜。北方地区在10月中旬，南方地区在10月下旬~11月初，当夜间气温降到4~6℃时，即第1次早霜到来之前扣棚保温较为适宜。不同地区气温变化情况不同，高纬度地区保温要早，低纬度地区保温要适当晚一些。

1. 棚膜的选择

棚膜是设施栽培中增温、保温、采光的重要部分，可以避风挡雨、遮阳防雹，同时也可以用来调节温室中植株的生存环境。衡量棚膜好坏的标准主要是透光性能、强度和耐候性、保温性、防雾与防滴性等方面。目前常用的棚膜有聚氯乙烯（PVC）棚膜、聚乙烯（PE）棚膜和乙烯-醋酸乙烯（EVA）农膜。生产上应采用具有防

雾、防流滴、防老化和防尘功能的“四防”膜。

（1）聚氯乙烯（PVC）棚膜　聚氯乙烯棚膜具有保温性、透光性、抗候性好，柔软，易造型的优点，适合作为温室、大棚及中小拱棚的外覆盖材料。缺点是薄膜的密度大（1.3g/cm^3），一定重量的棚膜覆盖面积较聚乙烯（PE）棚膜减少1/3，成本增加；低温下变硬、脆化，高温下易软化、松弛；助剂析出之后，膜的表面吸灰尘，而且影响透光，残膜不能燃烧处理，因为有氯气产生；雾点较轻，折断或撕裂后易粘补，但耐低温性不及聚乙烯棚膜。

现在聚氯乙烯棚膜的主要产品有：

1）普通PVC棚膜　制膜过程中不加入抗老化助剂，使用期仅为4～6个月，可生产一季草莓，浪费能源，增加用工与投资，现在逐步被淘汰。

2）PVC防老化棚膜　在原料里加入了抗老化助剂，经压延成膜。有效使用期达8～10个月，具有良好的透光性、保温性及抗候性，是大棚、中小拱棚上覆盖的主要材料，多用于春季提前、秋季延后栽培。

3）PVC无滴防老化棚膜（PVC双防棚膜）　PVC无滴防老化棚膜同时具有防老化与防流滴特性，透光性与保温性好，无滴性可持续4～6个月，安全使用寿命达12～18个月，应用比较广泛，是现在高效节能型日光温室首选的覆盖材料，做大棚覆盖材料效果更好。

4）PVC抗候无滴防尘棚膜　PVC抗候无滴防尘棚膜除具有抗候流滴性能外，薄膜表面经处理，增塑剂析出量少，吸尘较轻，提高了透光率，对日光温室、大棚冬春栽培更为有利。

（2）聚乙烯（PE）棚膜　聚乙烯棚膜是以聚乙烯为主原料的一类产品，具有质地轻柔（相对密度为0.92g/cm^3）、易造型、透光性好、无毒无味，同等面积的温室用膜重量可比PVC少30%，是我国目前主要的农膜品种。其缺点是：耐候性差，保温性差，不易粘连。如果生产中加入高效光和热稳定剂、紫外线吸收剂、流滴剂、保温剂、转光剂、抗静电剂、加工改性剂等多种助剂，使用先进的设备将不同的原料和不同的助剂分三层共挤复合吹塑而成，突出了各层原料助剂的优点，性能优异。目前，PE棚膜的主要原料是高压聚乙烯（LDPE）和线性低密度聚乙烯（L-LDPE）等。

（3）乙烯-醋酸乙烯（EVA）农膜　乙烯-醋酸乙烯农膜对红外线的阻隔性介于PVC棚膜与PE棚膜之间。EVA农膜有弱极性，可与多种耐候剂、保温剂、防雾剂混合吹制薄膜，相容性好，包容性强。

不同材质具有不同的特性：EVA农膜有特别优异的耐低温性，其次是PE棚膜，含有30%增塑剂的PVC棚膜在0℃时硬化，抗拉力及耐冲击性极差。EVA农膜及PVC棚膜不适于高温炎热的夏天应用。PVC棚膜与PE棚膜初始透光率均可达到90%，PVC棚膜随着时间的推移，影响透光性，使透光率很快下降。而PE棚膜的透光率下降速度较为缓慢。

在草莓生产中经常使用PE棚膜或具有消雾膜功能的膜，一般不使用PVC棚膜，防止产生有害气体危害草莓。

2. 安装前准备

（1）安装防虫网　在选择防虫网时，既要考虑防虫功效，也要考虑温室通风换气的要求。草莓生产上以20～32目（对应孔径为0.55～0.83mm）为宜，幅宽1～1.8m。白色或银灰色的防虫网效果较好。安装要求：在铺设防虫网时首先要确定温室风口的位置，之后将防虫网拉直，用铁丝固定，防止防虫网滑动脱落。顶风口常用1.0m宽的防虫网。

（2）修整温室的压膜槽　在每个生产季结束后，由于风吹日晒和人为操作等原因，压膜槽有不同程度的松动和损坏，为此在上棚膜前一定要检修温室所有压膜槽，清除卡槽中的污物，对于松动的要固定，严重老化和变形的要及时更换。

（3）检修温室地锚　温室地锚是用来固定温室棚膜压膜线的重要铸件，如果地锚不结实，很容易使压膜线松垮、温室棚膜不能紧绷，导致棚膜在大风时抖动，为此在扣棚膜前一定要检修一下温室的地锚是否松动。铁丝生锈要及时更换。

（4）上棚膜前适当浇水　上棚膜后，温室内的温度会很快提升，草莓苗的蒸发量加大，水分供应不足会造成草莓植株因失水而萎蔫。为此，在上棚膜前要适当浇水，可防止草莓突遇高温失水。此次浇水量不要太大，否则不利于上棚膜。

(5) 上棚膜前进行全面植保 上棚膜后，温室内环境会发生很大变化，草莓植株容易发生病虫害，为此，在上棚膜前要进行一次植保工作，使用杀虫剂、杀菌剂对温室进行全面消毒。可选用醚菌酯、阿维菌素、阿米西达等药剂，在喷施时要向草莓植株和草莓畦、温室过道和后墙、温室两侧山墙、温室前脚1m处均匀喷施。喷药时要选择连续无风的晴天最好。

3. 棚膜安装

扣棚要选择无风的晴天进行，按照棚膜指示字样确定棚膜的正反面。首先安装放风膜（顶膜），先将顶膜拉直，有绳子的一边放在大块膜上面，两块膜间相互重叠30cm左右。将顶膜的另一端拉直绷紧并用卡簧固定在后坡板的C型钢上的卡槽内，两侧同样用卡簧固定在东、西山墙上的卡槽内。为了方便开关风口，密封在顶膜边缘的绳子上固定两根3mm左右粗的绳子，一根用于在外面关风口，另一根用于棚内开风口。其次安装大块棚膜，将膜的上端固定在离屋脊1.5m处，穿膜铁丝与钢架连接牢固。安装时应从一头向另一头赶，棚膜不得有褶皱。安装时要使棚膜绷紧，最后用压膜槽和卡簧将棚膜固定于东、西山墙上。安装好后，应及时安装压膜线，以防止大风对棚膜造成损坏。上部连接到顶部第一条横拉筋上，下部安装紧线器连接到地锚上（见彩图31）。

上棚膜时的注意事项如下：

1）铺放棚膜时，应尽量避免棚膜拖地，避免棚架划破棚膜。

2）发现棚膜有小裂缝或洞时，应及时用透明胶带粘补。

3）棚顶和帘子的安装最好同时进行。

4）铺盖棚膜最好选在早晨或傍晚，温度较低且没有大风的时候进行。铺放棚膜时应均匀地在各个方向拉紧，防止出现横向皱纹，这样容易产生滴水。如果在气温较高的时候铺膜，棚膜不宜拉得太紧，因为气温高时，棚膜易拉伸，一到气温降低或晚间，棚膜出现回缩时，结点处太紧，遇到大风会磨损断开。

在传统草莓生产中，多采用的是3块棚膜拼接的方式，上风口一般在前坡最高处，下风口一般在距地面1m处。草莓植株较矮，棚前1m处由于膜的遮挡，时常积水，湿度过大，通风不畅，容易引起病虫害的发生，而采用2块膜拼接，打开底风口进行通风即可极大地改善这种情况。随着春季温度上升速度加快，通气需求量增加，如果采用2块膜拼接的方式，直接打开底风口，可以加大通气量，效果好于腰风的排湿效果。而且3块棚膜拼接，安装复杂，腰风口处还需要额外安装防虫网，费时费工。

4. 扣棚后管理

（1）温度管理 扣棚后温室内的温度控制非常重要，在夜间只要没有霜冻就不放棚膜，同时将顶风口开到最大。温室中的温度过高会影响草莓需冷量的有效积累，抵消草莓前期所积累的有效低温时数，不利于草莓健康生长。此时，草莓腋花芽分化还没有完成，过高温度也不利于草莓花芽分化。

（2）湿度管理 扣棚后温室内的温度高，草莓植株蒸发量大，需要及时补水，这次浇水量的原则是浇透，标准是看到草莓畦侧有水渗出。扣棚保温以后，室内湿度容易增加，湿度过高不仅会诱发病虫害，还会影响草莓植株正常的生长。打开风口进行通风换气，降低棚内湿度，土壤保持见干见湿。

（3）补充叶面肥 由于采用叶面喷施肥料可使草莓植株吸收较快，草莓进入花芽分化后期需要肥料较多较快，除土壤根部施肥，还要进行叶面喷施以满足草莓对养分的快速需求。我国北方的土壤大部分是偏碱性的，这样的土壤很容易出现缺磷症状，这个阶段最常用的叶面肥就是磷酸二氢钾，喷施效果最好。磷酸二氢钾中的钾离子和磷酸根离子能直接被植物吸收利用，效果快而明显，常用0.1%～0.3%的溶液喷施。

钙元素是草莓种苗生长过程中必不可少的一种中微量元素，虽然需求量不高，但作用明显。钙元素能促进根系生长和根毛形成，增加养分和水分吸收，苗期缺钙会影响根系发育，从而影响种苗的整体质量。出现缺钙现象时，可增施有机肥，加强土壤的透气性，改变根系的吸收环境，避免过量施用氮肥；还可适当喷施叶面肥，用0.1%～0.2%糖醇钙叶面喷施进行钙元素的补充。

进入10月，对于那些生长势不强，植株矮小的草莓，如甜查理品种，因种植过晚或管理不善植株还很小，叶片小且呈平铺状，有

部分开始现蕾，为了促进草莓植株长势，在日常管理中可以提高温室的温度，除加强肥水管理外，还应该用低浓度的赤霉素处理。

具体使用方法：草莓植株较小，用低浓度的赤霉素处理可以促进草莓植株生长。其处理浓度因品种的不同而有差异。休眠深的品种如杜克拉、宝交早生，可用5～8mg/L喷1次，不建议重复喷施；休眠浅的品种如章姬、红颜，用浓度3mg/L喷1次即可。要注意把握时间，如果喷施过早，会使腋芽变成匍匐茎；过晚则起不到促进开花的作用，只能促使叶柄伸长。尤其注意浓度不能过高，否则植株徒长、花序太长，消耗大量营养，严重减产。

注意事项：

1）赤霉素不能直接溶于水，用前先用少量酒精或高度白酒将其溶解，再加水稀释至所需浓度。

2）赤霉素遇碱性物质及高温时易分解，故不能与碱性药物混用，应在低温干燥的条件下保存。

3）赤霉素水溶液易失效，应注意现配现用。选晴天中午温度高时喷雾，重点喷芯叶，雾滴要细、要均匀。喷施温度最好在22～25℃，效果最好。低于这个温度则喷施效果不明显，高于这个温度则容易产生药害。

目前在生产中经常使用的是水溶性的赤霉酸，不仅纯度高，而且有效成分含量降低，方便配比和使用。

小知识

草莓扣棚后很容易出现叶片边缘焦黄干枯。叶片焦边主要是由于氨害、乙烯和氯气所导致。

1）氨害：氨气是草莓温室栽培中常见的一种有害气体。草莓发生氨害时，常表现为叶片急速萎蔫，随之凋萎干枯呈烧灼状。氨气主要来源于未经腐熟的鸡粪、猪粪、饼肥等。在相对密闭的棚室中，高温发酵会产生大量氨气并积累。另外，过多使用碳酸氢铵和施用尿素后没及时浇水，以及裸露在外面也能产生大量氨气。当温室氨气达到5~10μL/L时，就会对草莓产生毒害。花、幼叶边缘很容易受害。

防治措施：在棚内施用的有机肥料一定要充分腐熟，如果未充分腐熟，要选连续晴天时结合浇水追肥，饼肥和其他有机肥要及时翻入土内。其次，尽量少施或不施碳酸氢铵，施用尿素时尽量沟施或穴施。最后在保证温度的要求下，及时开风口通风换气。排除棚内有害气体。在低温季节，要谨防棚室长期封闭，在确保适宜温度的前提下，尽量多通风换气，尤其是在追肥后几日内，更应注意通风换气。当发现是氨害时，不宜喷施任何的杀菌剂和生长调节剂，否则会加重毒害。一要及时通风排气；二要快速灌水，降低土壤肥料的溶液浓度；三要在植株叶片背面喷施1%食用醋，可以减轻和缓解危害，待作物恢复后，方可喷施杀菌剂防病和叶面肥进行营养调理。

2）乙烯和氯气：乙烯和氯气主要来源于聚氯乙烯棚膜，当温室内的温度超过30℃时，聚氯乙烯棚膜就会挥发出乙烯和氯气。当其达到1μL/L以上，便会影响草莓的生长发育，出现受害症状。乙烯主要加快草莓衰老，使叶片老化，产生离层，造成花、果、叶片脱落，或果实没有长大就提前成熟变软，降低草莓的产量和商品性。氯气可使草莓叶片褪绿变黄、变白，严重时枯死。扣膜后尽量不要在温室中堆放棚膜，防止棚膜释放出有害气体。

对应的补救措施是：当发生气害后，按照每亩用45%晶体石硫合剂200~300g的标准兑水300倍后及时向植株喷洒。

七 安装保温被

保温被是草莓冬季生产成功与否的关键部分，而保温被安装正确与否直接影响保温效果。

1. 保温被的安装要求

保温被的安装必须使用自走式前置（侧置）卷被机。保温被不能过轻，防止被风掀起来而脱离棚膜，起不到保温的作用；保温被过重，不易卷起，容易损坏机头。生产上应用最广泛的是由徐刚毅

发明的保温被制作工艺及产品，一般厚度为3cm。保温被在安装前，必须在温室的后墙上做预埋稳定处理。

安装保温被时，一般采用平接方法。首先将两块保温被同色相靠，边对齐。在离保温被边5~6cm的地方打小眼，同边眼与眼之间的距离为20cm左右，用直径大于3mm的耐老化的尼龙绳串上扎紧打结。最后展开压平。该连接方法平整、密封、节约保温被，是一种良好的连接方法。

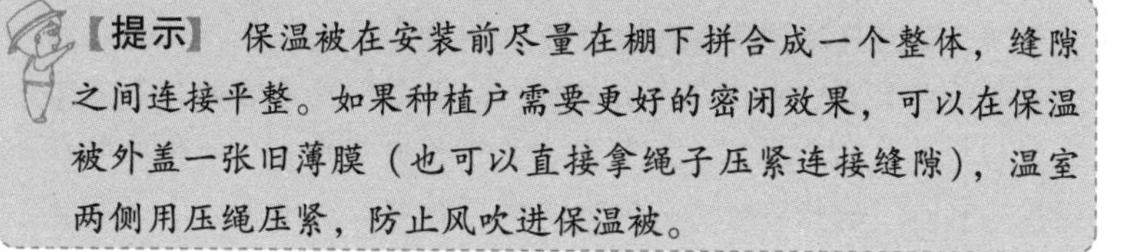

【提示】 保温被在安装前尽量在棚下拼合成一个整体，缝隙之间连接平整。如果种植户需要更好的密闭效果，可以在保温被外盖一张旧薄膜（也可以直接拿绳子压紧连接缝隙），温室两侧用压绳压紧，防止风吹进保温被。

2. 保温被的维护

应按照正常的机械安全操作方法使用机器。每年劳动节后，保温被必须进行无光（草帘或其他材料遮光、隔热）、密封（薄膜密封包扎）、常温储存，温度不得高于35℃，超过35℃以上必须进行拆卸储存（不进行密封无光处理储存的产品，高温光解造成塑料老化，影响保温被的正常使用）。

八 地膜覆盖

地膜覆盖是塑料薄膜地面覆盖的简称。它是利用很薄的塑料薄膜紧贴在地面上进行覆盖的一种栽培方式，是现代农业生产中既简单又有效的增产措施之一。

1. 地膜的种类

（1）黑色地膜 在草莓生产中应用范围最广的是高压低密度的聚乙烯黑色地膜，宽度为0.5~0.8m，厚度为0.008~0.01mm。覆盖黑色地膜后可明显降低地温，透光率低，能有效防止土壤中水分的蒸发和抑制杂草的生长，可以拉长果个。

（2）黑白双面地膜 黑白双面地膜一面为乳白色，另一面为黑色，厚度为0.02~0.025 mm。乳白色向上，有反光降温的作用；黑色向下，有灭草的作用。夏季高温时，黑白双面地膜降温除草的效果比黑色地膜更好。

（3）银灰色地膜 银灰色地膜的透光率在60%左右，能够反射紫外线，地面覆盖具降温、保湿、驱避蚜虫的作用，能增加地面反射光，有利于果实着色。

（4）红色地膜 红色地膜比黑色地膜更能刺激草莓生长，草莓植株会利用更多的能量进行地上部分的光合作用。红色地膜能透射红光，同时可阻挡其他不利于作物生长的色光透过，使作物生长旺盛，有利于草莓果实转色，提高着色度和糖度。

（5）绿色地膜 绿色地膜可以起到除草、增温的作用。覆盖绿色地膜能使草莓植株进行旺盛的光合作用，可见光的透过量也减少，但绿光增加，因而能抑制杂草的叶绿素形成，可降低地膜覆盖下杂草的光合作用，达到抑制杂草生长的目的。它对于土壤的增温作用强于黑色膜，对草莓等作物也有促进地上部生长和改进品质的作用。但绿色地膜价格较贵，并且易老化，使用期缩短。

2. 覆盖地膜的优点

（1）对土壤环境的影响

1）提高土壤温度。由于透明地膜容易透过短波辐射，而不易透过长波辐射，同时地膜减少了水分蒸发的潜热放热，因此，白天太阳光大量透过地膜而使地温升高，并不断向下传导而使下层土壤升温。夜间土壤内热量的长波辐射不易透过地膜而使土壤中热量流失较少，所以，扣膜后的地温高于露地。地膜的增温效果因覆盖时间、覆盖方式、天气条件及地膜种类不同而异。

2）提高土壤的保水能力。覆盖地膜后，土壤的水分蒸发量少，故可以较长时间地保持土壤水分稳定，避免土壤忽干忽湿影响草莓的正常生长。

3）提高土壤的保肥能力。由于地膜覆盖，膜下土壤的温度、湿度适宜，微生物活动旺盛，养分分解快，因而氮、磷、钾等营养元素的含量均比露地增加。

4）改善了土壤的理化性状。由于地膜覆盖后能避免土壤表面风吹、雨淋的冲击，减少了中耕、除草、施肥、浇水等人工和机械操作的践踏而造成的土壤板结现象，使土壤容重、孔隙度、三相（气

态、液态、固态）比和团粒结构等均优于露地。

5）防止地表盐分富集。由于地膜切断了水分和大气交换的通道，大大减少了土壤的水分蒸发量，从而也减少了随水分带到土壤表面的盐分，防止土壤返盐。

（2）对近地面小气候的影响 由于地膜具有反光作用，可以增加光照，有利于草莓植株的光合作用，增加产物积累；地膜覆盖还可以降低温室内的空气湿度，有效防止病虫害的发生。

（3）对草莓生育的影响 地膜覆盖为草莓创造了良好的生长条件，促进了草莓根系的发育，草莓生长健壮，自身抗性增强，使草莓生长发育加快，各生育期相应提前，因而可以提早成熟，提高草莓的产量和品质。

（4）其他效应 防除杂草；节省劳动力；节水抗旱。

3. 操作规程

地膜覆盖时间以扣膜保温后 7 ~ 10 天为宜，应选在花序抽生之前进行，以免扣膜操作时弄折花序，影响开花和结果。

（1）温室彻底消毒 在扣地膜时要对草莓温室进行彻底的消毒来防治各种病害，最好选择在连续晴天后消毒。在草莓生产中常见的如红蜘蛛、蚜虫、白粉病、菜青虫等在扣棚以后易发生，会在相对密闭、温暖、湿润的温室内快速繁殖，危害草莓生产。为此，在扣膜前要用高效氯氰菊酯、阿维菌素、阿米西达等药剂，对整个草莓棚进行周到细致的喷施，在喷施时要将草莓植株和草莓畦、温室过道、后墙、温室两侧山墙、温室前脚 1m 处都均匀喷施，不要遗漏。这次的喷液量为 $400m^2$ 的温室要求 75 ~ 90L 药液。

除喷药外，适当在草莓畦面撒施硫黄粉，但不能过量，否则硫黄过多会造成土壤酸化，硬度下降，根腐病发生严重等。

为了覆膜后便于草莓管理，要做好以下两件事。其一是平整草莓畦面，要打碎坷垃，对于高出的部分轻轻铲除，尽量不要裸露草莓根系，畦面要平整细碎，以便使地膜能贴近地面保持地膜平整；其二是整理滴灌带，确保滴水均匀。如果畦面很高就将畦面稍挖一个浅沟，将滴灌带顺直。如果草莓植株低于畦面，不严重的要稍添点土，比较严重的要用消毒的秸秆垫在下面，垫秸秆时要稍高点，因为滴灌带充满水时会下压，秸秆下陷影响滴灌效果。将滴灌带在经过整理的畦面上顺直，用铁丝弯成U形固定在畦面中央。

（2）铺设地膜 根据垄宽选择地膜宽度，一般选择90～120cm宽幅的地膜。

在盖膜时顺行把地膜平铺覆盖在草莓植株上，使膜面伸展不皱，在日光温室促成栽培中常采用2块地膜，搭茬在草莓畦中间，搭茬重合长度保持在20cm左右。地膜长度超过畦面长度1m左右，两端都要有足够的余量埋入土中，不仅美观，也保证地膜相对严密（见彩图32）。采用该种方式铺设地膜与传统的整块铺设地膜方式相比，操作方便，大大降低劳动量，不仅不容易折茎，而且中耕除草、追肥等操作都容易进行。

盖地膜时，随盖随破膜，将苗掏至膜上。破膜掏出草莓苗的时候要保持破洞尽量小，避免开口过大影响地膜的增温保墒效果。注意将草莓整个地上部分全部掏出，否则遗留下的草莓叶片很容易霉烂而滋生致病微生物，影响草莓正常生长。覆膜时应选择在无风天气，下午草莓叶片变软后进行，避免早上由于草莓叶片较脆，在掏苗时容易折断叶片和叶柄。

小技巧

1）巧用工具展平地膜：在实践生产中广大种植户摸索出一种更加便捷的展平地膜的方法。在垄的北端用一个架子将地膜卷架起，由1个人从垄间将地膜拉向温室前底脚，并将地膜展平埋入垄南端土中，根据垄长度在北端割断地膜，展平后埋入土中。

2）适当浇水使地膜贴合：为了使草莓畦面和地膜紧密贴近，防止风吹起地膜，覆盖地膜后要适当浇水以使草莓畦面湿润，便于地膜紧贴在草莓畦上。

3）防止地膜抖动：由于温度较高，草莓还没现蕾且需要低温，温室大棚膜不能密封，风口打开，有时风较大，可使地

膜剧烈抖动，影响地膜的效果。为此，在未密封棚膜的时候还要用装上松软土的塑料袋每隔一段就压一下，畦头用较大的袋子压，中间用相对较小的袋子压，可以有效地防止地膜抖动。在压地膜时不要用尖锐的物品，否则容易划破地膜，从而影响地膜的效果发挥。

4）花序抽出后地膜铺设的方法：在生产中，时常会出现由于各种原因错过了铺设地膜的最佳时间，导致花序已抽出。此时在铺设地膜时，如果继续采取破洞提苗的方式，容易弄折花序，影响草莓生长。如果花序已抽出，在铺设地膜时，可将在草莓植株根系部位的地膜用剪刀从边缘一分为二，剪开约20cm长，然后将地膜从两侧将草莓植株根系包裹起来，最后将接口处固定严实，如此可避免花序被折断。

九 促进花芽分化的措施

草莓的花芽分化是生长过程中的重要阶段，其分化的时期和质量直接关系后期果实的产量和品质。草莓的花芽分化用肉眼是看不见的，其受温度和日照的共同影响。在10～24℃的条件下，经12h以下的短日照诱导，开始进行花芽分化。温度高于30℃时，不管日照长短，花芽均停止分化。温度低于17℃，日照短于12h，花芽分化进程快；低于5℃时，花芽分化受抑制。草莓植株的健壮程度，对花芽分化的影响较大，生长健壮，叶片数量多的植株，花芽分化早、分化速度快、花数多。6叶大苗可比4叶苗提前7天进行花芽分化，并且花数多。氮肥的施用量过大、营养生长过旺，不利于花芽分化，适当控制氮肥的供应，有利于花芽分化。

在日光温室促成栽培中，由于保温期早，开花结果早，使花芽分化和发育期相应变短，要在短期内得到饱满的花芽，就要采取相应的措施创造条件，促进花芽提早分化，保证草莓及早采收且高产优质。农业技术措施可影响花芽分化，适当断根、摘叶、移栽、低温处理等都可促进花芽分化。分化后的花芽发育所需条件，与花芽分化所需条件恰好相反，适宜的高温、长日照能促进花芽的发育。

分化后，及时适当追施氮肥，能促进植株的营养生长和花芽的发育。

1. 遮光或短日照处理

遮光处理是指用遮阳网把草莓苗遮盖起来，减少光照强度，借以降低温度，促进花芽分化。通常采用遮光率为50%～60%的遮阳网。遮光后可使气温降低2～3℃，地温降低5～6℃。遮盖时，遮阳网与地面相距1.5m左右，也可利用小拱棚、大棚骨架进行覆盖，但通风一定要好。遮光时间从8月上旬开始至日平均气温降至20℃以下为止，即9月上中旬左右结束。遮光不利于草莓苗生长，时间过长对根系发育不利，使植株同化功能减弱，苗与花器官发育都会受到影响，所以一旦花芽分化，就应立即撤去遮阳网，促进草莓苗健壮生长。

短日照处理是以缩短日照时间来促进花芽形成的。采用厚度为0.1～0.5mm的银色或黑色塑料薄膜，遮盖整个育苗棚架。处理时间是根据往年花芽形成的大概时间提前15～20天。如果当地草莓在9月中旬进入花芽分化，则在8月下旬或9月上旬开始进行处理。处理时间为每天16：00～第2天8：00，使草莓苗每天的日照长度在8h以下，连续处理15天以上。

2. 断根和摘老叶处理

（1）断根　断根是切断草莓的部分根系，控制根系对氮素的吸收，促进花芽分化，并使花芽分化整齐一致。如果植物体内吸收相当多的氮素，会使植株徒长，营养生长旺盛，生殖生长推迟，即使将来产量较高，但畸形果比例增加。因此，要达到既能提早花芽分化，又能生长旺盛且高产的目的，花芽分化前要降低植株体内的氮素水平，目前较为有效的方法是断根处理。

1）判断植株体内的氮素水平：首先是观察植株叶片的颜色。叶色浓绿，说明氮素水平较高。叶色黄绿，说明氮素水平适中。当然，叶色与品种特性有关，可以从栽植以后前后期对比来看。其次是通过比色法测定叶柄汁液中硝态氮的浓度。

2）断根时间：断根时间在植株花芽分化前夕，断根过早，新根会很快长出，重新吸收氮素，从而失去断根的作用，过晚同样起不到作用。断根可进行2～3次，具体时间的确定方法是定植前一周为最后1次，向前推，每周进行1次。如果9月中旬定植，可在9月上

旬断根1次，8月中旬和8月底各断根1次。

3）断根方法：先将假植圃浇水，然后用小铲刀在离植株5cm的四周插入土中，深度约10cm，并将土坯稍微抬起即放下。也可直接用平板铲锹在株间插入根下。断根后要控制浇水，断根2~3天，叶片出现萎蔫属正常现象，可在早晚进行叶面喷水。断根后如遇下雨，植株会大量发生细根，再次旺盛生长，吸收土壤中的氮素，因此，必须再次进行断根。

（2）摘老叶 摘除植株叶片，即使给予长日照，同样能诱导花芽分化。摘除老叶比摘除新叶效果更显著。老叶中含有较多的抑制成花的物质，摘除后减少了抑制物质的含量，促进花芽分化。草莓苗一般从顶部往下数第6片叶以后即开始衰老，应及时摘除。每株保持4~5片健壮的展开叶，最多不超过6片。但摘叶也不能过多，叶片不足也阻碍花芽的发育。

3. 低温处理

（1）冷库炼苗 夜间把草莓放在冷藏库中进行低温处理。挑选新茎粗0.8~1.2cm的健壮种苗，30~50株一把扎成捆，适当去除种苗的烂叶和多余的根系，在清水中简单浸泡一下根系，用嗯霉灵简单处理，最后用塑料袋护根。注意不能将整个草莓苗装进塑料袋，要露出叶片，叶片松散即可。在上述处理之前将草莓在冷库15℃条件下预冷。刚从田里起出来的苗或还有田间热没散掉的苗不能进行处理，否则容易起热。处理完的种苗码放在筐中，不用进行按压，5：00~6：00将草莓移出，8：00温度上升后再推进冷库，冷库温度在13℃左右，16：00后再将草莓苗移出接受日照，但不能长时间暴晒，如此操作10~15天即可。最好在9月10日前后进行定植，种苗缓苗快，这段时间草莓苗已经出根了，种植完适当用遮阳网遮阳，不要让光照时间超过14h。冷藏时间不需要太长，因为冷藏20多天的与10~15天的效果相差不大。这种低温处理对增加草莓早期产量与总产量，以及提早成熟均有明显效果，单果重也有明显增加，是值得推广的一种好方法，但必须有冷库或降温设备。

（2）高山炼苗 利用夏秋两季高山昼夜温差大，尤其是夜温低的条件，促进草莓苗提前进行花芽分化。只要山上温度条件满足草莓开始花芽分化的要求，就可将山下的草莓苗运到山上开始高山炼苗。1000m的高山上，温度比山下地面温度下降6℃，比山下约提前一个月降到花芽分化所需的温度。在山下温度较高还不能满足草莓花芽分化所需的低温时，高山上已达到了草莓进行花芽分化所需的低温。把草莓苗移到1000m的高山上，比山下进行短日照处理时花芽分化提早13～15天。如果在高山上再进行短日照处理，花芽分化还会提早，而且产量也会明显增加。

在南方地区，如福建等地，可进行高山炼苗。高山育苗期在8月上中旬，种苗带4～5片叶，新茎粗0.8～1.2cm，处理20～30天，确定花芽分化后即可下山定植。科学的方法是镜检，用显微镜看草莓花芽分化形态最佳，当花芽原基呈馒头状，顶部稍微凹陷即可。在北京地区8月底种植，11月初即可收获草莓。高山炼苗的有效期约为1个月，因草莓花芽多在9月上中旬开始分化，因此，分化前半个月进行高山炼苗，均可起到促进花芽分化的作用。

高山炼苗时草莓花芽分化率达到80%之后3天，即可将它们运到山下定植。有一些早熟品种对花芽开始分化的温度条件要求不严，所以在600m高山上也可进行高山炼苗。但总的来说，海拔越高，气温越低，对草莓花芽分化的促进作用也就越大。

在高山炼苗期间，不要给草莓苗施肥，保持草莓苗体内较高的碳氮比，有利于草莓花芽分化。但在下山前2天，可轻微对草莓苗施行断根处理，并施些氮肥，以便草莓苗下山定植后能迅速开始生长。挖苗前要浇一遍透水，挖苗时草莓苗根部最好带些土，否则在下山过程中，草莓苗根系易失水干枯，移栽后缓苗时间长，降低了高山炼苗对花芽分化的促进作用。

（3）营养钵育苗 把草莓苗移到营养钵中，可起到断根、控制氮素营养和促进花芽分化的作用。选用口径1～20cm、高10cm的塑料钵，钵内装园土加饼肥或园土与部分蛭石、砻糠灰的混合基质。5月下旬～6月上旬，在不切断匍匐茎的情况下，把匍匐茎苗直接移栽于钵内。匍匐茎苗有2～3片展开叶，2～3条白根为最好。由于同母体相连，移栽成活率很高。当已经有足够的苗以后，可以切断匍匐茎，移入圃地集中管理。也可在6月中旬～7月上旬，挖取匍匐茎

苗，移栽于钵内，浇透水，放在有遮阳网的棚内，促进成活。钵苗在雨季应搭棚防雨，平时要保持湿润，几乎天天浇水，否则钵苗易过分干燥。追肥大约在7月上中旬开始，以氮肥为主，10~15天施1次，最好追液肥。营养钵育苗最后的追肥期极其重要。花芽分化较早的品种，7月下旬要停止使用含氮肥料，一些花芽分化较晚的品种，8月上旬就应严格控制含氮肥料的使用；一旦确认草莓苗花芽分化，要及时追施氮磷钾复合肥。营养钵育苗，根系发达，根茎粗，花芽分化早，定植成活率高，既能提早成熟，又能增加产量，是应当推广的育苗方法。

第十二节　现蕾期管理

草莓现蕾时间不仅和品种有很大关系，还与种苗大小、营养状况、种苗是否低温处理有很大关系。早熟品种开花现蕾较早，经过低温处理的草莓种苗开花现蕾也早。目前常见的红颜、章姬等品种现蕾较早，甜查理、童子一号等现蕾较晚些。所以，在管理上要根据草莓生长的具体情况进行，不要盲目照搬照抄。

一般情况下，进入10月中下旬草莓开始现蕾，在观察草莓现蕾时要尽可能地多观察草莓株数，当草莓芯部出现深绿色聚集状草莓萼片时叫现蕾，整个温室有50%的草莓现蕾称现蕾期；当80%的草莓现蕾时称盛蕾期。将这些数据分类统计，掌握草莓的现蕾量和现蕾程度，也为闭棚增温提供依据。

一　温度管理

根据元旦和春节的日期，调整草莓物候期，促成草莓在节日前达到盛果期。如果10月20日左右还没有现蕾，可通过开风口等措施控制温度，上风口尽量不合、拉大，夜温低于3℃时关上下风口；如果已经现蕾，则不要采取低温控制。

1）现蕾率低于50%时不要急着密封温室棚膜提高温度，温度过高影响草莓后续的花芽分化和草莓正常的生长发育，加速草莓现蕾，使草莓花量减少，花柄细弱。白天温度维持在22~25℃，夜间在5℃左右。

2）现蕾率达到80%以上则提前一天浇足水，早晨通风以后，闭棚升温，让温度尽快提升到28℃。当温度达到28℃时，开小风口，温度上升到30℃时，逐渐加大风口，棚内最高温度控制在32℃以内，夜间温度维持在10～12℃，尽可能长时间地维持较高温度，目的是尽可能促进草莓开花，控制花期一致。这样的高温时段维持4～7天，以草莓开花80%为标准，此后白天温度维持在22～26℃，夜间温度为6～8℃。

【注意】 高温期间禁止叶面喷施肥料和农药，否则容易产生药害。

小技巧

1）小苗现蕾的管理措施：草莓现蕾时草莓植株较小，这样的草莓植株现蕾开花都正常，只是花型较小，果实不大，果实的商品性不高，为此这样的草莓植株不仅需要提前闭棚升温管理，必要时要用赤霉素处理。具体方法：晴天上午温度在20～25℃时，用赤霉素和生物肥料一起叶面喷施。在喷施后温度超过25℃时要开小风口放风，在开风口时特别注意一定要先开小风口，不要一下将风口开得过大，造成温室中的温度快速下降。喷施赤霉素后要保持温度20～25℃较长时间，利于草莓叶片吸收。

2）出现“老弓苗”的处理措施：在实际草莓生产中，常常出现“老弓苗”的现象，导致草莓植株只进行营养生长，不进行生殖生长，严重影响经济效益。产生“老弓苗”的原因，一方面是由于在育苗时赤霉素过量喷施，另一方面是肥水管理旺盛，氮肥施用过量，导致草莓植株无法进行花芽分化。在栽培中，“老弓苗”是个别现象，对“老弓苗”进行断根处理，控制氮肥，不要进行去老叶等植株整理操作。如果整棚出现“老弓苗”的现象，让其自然冷凉，不建议用矮壮素等激素处理。

二 水分管理

扣棚后，温度较低，为了减少病虫害，促进草莓快速生长，浇水应在9：00~10：00完成。一个跨度8m、长度50m的标准草莓温室，浇水量为1.5~2t。浇水时注意通风排湿，下午和晚上尽量不要打药浇水，防止棚内湿度过大，产生病害。

三 植株管理

对草莓植株进行适当的摘叶处理，即使长日照也能诱导成花，尤其摘除老叶效果更明显，因为老叶中含有较多的成花抑制物质，摘除后降低了草莓体内抑制成花物质的含量，促进了花芽分化。然而，摘叶过度会阻碍花芽发育，所以在草莓开始现蕾，就要保留和促进叶生长，一般保留5~6片功能叶。对那些发黄和病叶、残叶要及时去掉，保证草莓植株通风透光。保温被压过温室风口位置。

四 及时植保

高温干旱易造成红蜘蛛大面积发生。而且由于覆盖了地膜，不容易发现局部缺水，容易造成红蜘蛛局部发生。应提前进行红蜘蛛的防治。经常检查滴灌系统是否通畅，杜绝浇水不均匀，保持土壤湿润，发现红蜘蛛应及时防治。

【注意】 由于花期比较敏感，使用药剂容易导致花的畸形，进而产生畸形果。所以在病虫害的防治上，花期禁止用药，植保措施应尽量在开花前进行。利用小喷壶简单方便的特点，对发病区域进行局部防治，随时发现随时防治，不要大面积用药。如果病虫害发生严重，可以使用烟剂。烟剂一般每亩使用量为6~8枚。

五 放置蜂箱

在草莓的促成栽培中，草莓开花时期为4~5天，花期温室内风弱，外界昆虫无法进入，草莓借助风力与昆虫授粉已不可能，人工辅助授粉费工费时，效果不好，容易造成草莓授粉不良，经常发生坐果率低或畸形果率高的现象，致使草莓品质下降和减产。为提高坐果率，目前除采用选择育性高、花粉量大的品种和花期保持适宜授粉受精的温度、湿度环境外，最简便有效的措施就是在温室内放养蜜蜂。据试验，温室内放蜂可提高坐果率 15.6%，明显提高产量，增产 30%～50%，畸形果减少 80%。

一般在草莓开花前 7～8 天将蜂箱放入温室内，使蜜蜂在花前能充分适应温室内的小气候；蜜蜂有趋光性，故蜂箱位置应位于温室的中西部，蜜蜂出入口朝东，这样有利于蜜蜂出巢，并且蜂箱在每个温室的位置要固定不变，不可错位；一般每栋温室一箱蜜蜂即可。当蜂量不足时，可以将两个温室中的蜜蜂放在一起隔天轮换使用箱蜂，每箱 5000 只左右（见彩图 33）。

温室白天温度达到 16℃时，蜜蜂便出来活动。在放蜂结束或中途想把蜜蜂移走，可采取放风降温法，温度低于 15℃时，蜜蜂便自动飞回蜂箱。

由于温室南面光线强，蜜蜂出箱后往南飞会碰到温室的棚膜弹落在地上，失去飞翔能力。为了解决这一问题，开始几天，要从温室外面把底膜用草帘盖上，遮住阳光，避免蜜蜂趋光碰膜。几天后蜜蜂适应了环境，再将草帘撤掉。掉在地上的蜜蜂要拣回放在蜂箱出入口处，让蜜蜂爬回箱内休息恢复体力，以便继续出来活动。

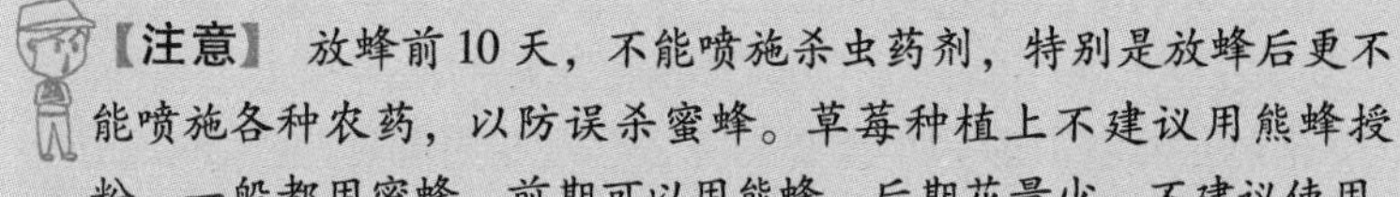

【注意】 放蜂前 10 天，不能喷施杀虫药剂，特别是放蜂后更不能喷施各种农药，以防误杀蜜蜂。草莓种植上不建议用熊蜂授粉，一般都用蜜蜂。前期可以用熊蜂，后期花量少，不建议使用，尤其是有新孵出的小熊蜂，会咬噬花粉，破坏柱头，影响授粉。

第十三节 花期管理

只要温湿度合适，草莓的花即可连续开放。花期为草莓生长的敏感时期，也是决定草莓丰产与否的关键时期。处于花期的草莓植株对外界环境比较敏感，整体应坚持恒温管理，此阶段以促花、保花为目的，要适当增加硼、镁等微肥的施用，及时疏除弱花弱蕾，保证草莓养分的供应，为后期丰产打下坚实基础。

一 初花期管理

一般从现蕾到第一朵花开放大约需要 15 天。草莓植株现花后要改变高温多湿的管理方式，开始降温管理，白天保持在 25～28℃，夜间为 8～10℃，夜间温度不能高于 10℃，否则会影响腋花芽的发育，使花器官发育受阻。降温要逐渐进行，不要一次把温度降下来。

【提示】 植株开始现花后是促成栽培草莓由高温管理转向较低温度管理的关键时期，在降温的同时，室内湿度也由于放风而迅速降低，叶片易失水干枯，严重时花蕾也会受到损伤。所以，这次转换温度要逐渐进行，降温可持续 3 天左右。

二 盛花期管理

1. 温度管理

草莓开花期对温度的要求较为严格，应根据开花和授粉对温度的要求来控制温度，白天要保持在 23～25℃，夜间以 8～10℃为宜。通过观察早晨开棚时的温度高低，调节夜间风口大小和保温被放下来的多少。

2. 湿度管理

湿度是影响草莓花药开裂、花粉萌发的重要因素，空气湿度低于 20% 或高于 40% 时，花药的开裂和花粉的萌芽就会受抑制。因此，排湿是温室中的一个重要任务。此时棚内湿度应控制在 30%～50%，在保证温室温度的情况下，通过调节风口大小来通风，从而降低湿度。风口大小的调节，应遵循在开风口时由小逐渐变大，关风口时要由大逐渐变小。不要忽大忽小，使温室内的温度不稳定，影响草莓正常生长。

3. 光照管理

增加温室的光照条件，有利于提高温室的温度。生产上应用最广泛的是安装补光灯进行补光。在草莓生产中，常用的是冷源荧光灯或白炽灯。红橙光光源对草莓而言，光合效率相对较高，蓝紫光次之，绿光最差。将灯架在 1.8m 高处，每盏 100W 的灯约照 7.5m^2，每天 13：00～22：00 加照 5～6h。另外，还可在草莓棚室内的北侧后墙处挂一道宽1.5m的反光幕，能明显增强棚室北侧的光照，增强植物的光合作用。在早上升起保温被后用抹布将棚膜内的水汽和水滴及早擦去，在外面用抹布将棚膜上的灰尘抹去，以增加棚膜的透明度，提高透光率。可通过以下方法进行温室除雾：

（1）放风排湿 如果温室内外温差较大，温室内容易起雾，在早上外界温度很低时不要过早拉升保温被，以减小内外温差。温室内产生雾时，应快速提高温室内的温度，及早放风排湿。

（2）上膜时注意拉紧 如果棚膜有褶皱，水汽聚在褶皱部位就会下滴，因此在上膜时拉紧，这样水滴不会滴到草莓植株上，而是顺着拱度沿大膜流下，减少病菌的传播。

（3）除尘 大风或沙尘暴过后，可在水中加入清洁剂后用高压水枪清洗。

（4）清洁室内大膜 可人工用拖布擦洗棚膜，增加棚膜的透光性，提高温室中的温度。

（5）化学除雾 当温室内长时间有雾气，并且雾很大，就用化学除雾剂进行喷施以消除雾气。

【提示】 清洁棚膜时，先准备一根比棚宽稍长一点的绳子，然后在其上绑一些布条，绑的布条一定要把绳子表面覆盖起来，这样就形成了一根布条绳。然后一个人拿着绳子一头站在棚下，另一个人拿着绳子的另一头站在棚后坡上，两个人把绳子拉紧，来回摆动，在棚膜上一片一片地擦拭，很快就能把棚膜擦得干干净净。擦拭完棚膜后，把布条拆下来清洗干净，等下次再用，非常方便。用该种方法除尘，既不费工，擦拭范围广，而且效果好。

4. 水肥管理

草莓进入花期需要充足的水分供应。由于温度高，尽管有地膜和棚膜覆盖，土壤水分的蒸发量仍然很大，容易造成土壤缺水。而由于棚膜滴水，以及地膜将土壤表面蒸发的水汽部分凝结于地膜下面，土壤表面常常很潮湿，造成一种土壤湿润的假象，实际上植株根系周围的土壤往往已经缺水。所以，扣棚保温后，一般每隔1周就要

浇 1 次水，以保证土壤有充足的水分。灌水常用滴灌方式，400m² 浇水量为 1t，浇水时间在 9：00～10：00 完成，温度上升到 20℃时开始浇水。在浇水后要注意及时通风排湿。

浇水时随水带 2kg 磷酸二氢钾，浇水量不要太多，以免降低草莓根系处土壤的温度，增加温室内的湿度，诱发草莓病害。通过浇水施肥，能够保证草莓花期水分和营养的供应。

【注意】 硼能促进花粉的萌发和花粉管的伸长，如果花量较少，要及时追施硼肥。在生产上，可叶面喷施 0.2% 硼砂溶液，加少量尿素可促进硼元素的吸收。

5. 提高草莓花期的授粉率

花期温室内的温度较低、湿度大、日照短，草莓的授粉受精过程容易受到影响。而进入盛花期，现蕾、开花数量大幅增加，为了提高授粉率，可以采取以下措施：

（1）加强蜜蜂授粉 一般蜜蜂授粉可使草莓异花授粉均匀、坐果率高、畸形果率低，提高产品的产量、品质及商品性。与自然授粉相比，蜜蜂授粉能使畸形果率降低 33%。在温室内放置蜂箱，利用蜜蜂的习性，便能充分授粉。蜜蜂出巢活动的时间为 8：00～9：00，15：00～16：00，最适温度为 15～25℃，与草莓花药开裂适温（13～22℃）相接近，当温度达 28～30℃，蜜蜂在温室内的角落或风口处聚集或顶部乱飞，超过 30℃则回到蜂箱内。所以，当白天温度超过 30℃时，要进行通风换气，保证蜜蜂顺利授粉。

温室温度较低，光线不足，蜜蜂不爱出巢。但是有时温室内的温度已超过 14℃，蜜蜂仍然不爱出巢，这是因为温室内昼夜温差大所致。有的温室保温不好，夜间降到 5℃以下，甚至降到 0℃，这时蜜蜂在巢内已形成蛰居状态，第 2 天温度虽然上升到 14℃以上，但是蜜蜂苏醒慢，仍不活跃。要解决这个问题，应设法将温室内夜间的温度保持在 8℃以上，使蜜蜂早晨提前出巢工作。最好的方法就是用旧棉被将蜂箱四周包起来留出蜜蜂所需的出气孔和进出通道，保证蜂箱内的温度，只有温度上升，蜜蜂出巢率才会增加，另外可以配置一定浓度的葡萄糖溶液放置在蜂箱上方，因为蜜蜂对糖的味道很敏感。

（2）加强人工授粉 当少量开花时，为提高授粉率，可采用人工授粉进行辅助，此时使用毛笔效果最佳。用毛笔在花瓣内侧花蕊的外侧扫一遍雄蕊，再扫两遍另外一朵花最中间凸起的部分（雌蕊）。此时尽量采用异花授粉，能提高坐果率。为保证授粉效果，人工授粉时间最好选择在花药开裂高峰期，即11：00～12：00。

（3）加强通风 利用空气流通，可促进草莓花期授粉。此时通风还能降低棚内湿度，避免因湿度过大产生水滴而冲刷柱头，从而影响授粉效果。现阶段棚内湿度控制在30%～60%。

6. 植株整理

草莓进入花期，植株生长很快，叶片会逐渐增多，植株通风、透光性变差，不但影响植株的生长，还会滋生病虫害，所以我们要及时摘除老叶、病叶。摘除叶片的标准是那些前期生长的小圆叶，或者边缘呈紫色且平铺在地膜上的叶片，或者叶面上有大面积黄化的叶片。不能过度摘叶，原则上母株只能摘叶1～2片，要保留5～7片展开的叶。如果草莓植株的叶片过少，会影响植株的光合作用，从而使开花和果实膨大缓慢，推迟成熟期。

【提示】 摘叶的重点是去除畦面中间的叶片，两侧叶片少去除。中间的叶片着光少且易平铺在地膜上，相互重叠不利于草莓通风、透光，加上棚膜滴水，很容易感染灰霉病。

7. 及时疏除弱花弱蕾

草莓的开花量很大，但其实有很多花是无效的或是不能全部保留的，需要根据草莓品种和草莓植株的健壮程度酌情去留。草莓开花时，不同的草莓品种花序抽生不同。日系品种，如丰香、红颜、章姬、佐贺清香等多是二歧或多歧聚伞花序，而且品种间花序分歧变化较大，典型的二歧聚伞花序，花轴顶端发育成花后停止生长，形成一级花序，在这朵花柄的苞片间长出2个等长花柄，其顶部的2朵花形成二级花序，再由二级花序的苞片间形成三级花序，花序上的花依照此顺序依次开放。

每个花序着生3～30朵花，一般为20朵左右。由于花序上花的

级次不同，开花先后也不同，开花早的结果早，果个大；开花过晚的往往不结果，成为无效花。草莓主要是从新茎顶端抽生花序，称主花序，而新茎分枝及叶腋处也能抽生花序，称为侧花序。一般侧花序的质量比主花序差，花期晚，果实小，品质较差，产量也低。生产上通常要疏去过多的侧花序，只留1~2个侧花序，以保证果实的高产优质。

在疏除小花、小蕾时，要注意草莓的挂果情况和植株上的花量。如果植株上的花量小，就先不要着急疏除；如果花量大，就把小花、小蕾摘除；如果大花柱头发黑或果实已经畸形，就保留较大的花。在早期，小花、小蕾都向上翘起很容易识别。疏除时不要一步到位，要分批进行。

对于欧系品种，如卡麦罗莎、甜查理、阿尔比等，属于单花序，疏除后抽生的小花、小蕾。如果温室栽培中，草莓花较小，可以及早进行疏蕾，集中养分供应，促使大花的生长发育。

【注意】 用组织培养技术进行草莓种苗繁育时，由于激素水平过高等原因，出现玻璃化苗。玻璃化苗在定植后不易成活，成活后也会导致开花而结果。对于玻璃化苗，要将第一茬花全部摘除，任其生长，逐渐消耗植株体内过多的激素。一般情况下，到次年2月开始逐渐结果。

三 末花期管理

草莓是连续开花结果的植株，如果大部分草莓至少有3~5个果坐住了，并且坐果率达到80%以上，这时草莓就进入末花期了，需要浇水施肥或喷药以防治病害。

1. 水肥管理

末花期应适当进行浇水，并随水带氮、磷、钾比例为19:8:27+TE的水溶肥，每亩的使用量为4~5kg，这次浇水不要太多，浇水量控制在1.5t左右，以免降低草莓根系处土壤的温度，并且增加温室内的湿度，诱发草莓病害。利用晴天温室温度上升快的有利条件，在9：30左右温度上升到20℃时开始浇水。

2. 温湿度管理

浇完水，12：00 打开风口排湿，13：00 关闭风口以提高温室中的温度，在 15：30 时再次打开温室风口，风口要小，一般打开 5cm 左右就可以了，让温度缓慢下降，不要将风口开得很大，从而使温室中的温度下降太快、太低。当温室中的温度缓慢降到 16℃时，关闭风口，温度降到 10℃时放保温被进行保温，保证 4：30 ~ 5：00 温室内的温度在 6 ~ 8℃。

3. 及时植保

在盛花期，最好不要进行任何喷药和喷肥操作，以免造成草莓畸形果，但可以在此阶段进行植保防治。此时已进入初冬季节，日照时间短，光照弱，湿度大、温度低，容易发生白粉病和灰霉病。这两种病害都很难彻底根除。花期是病害防治的一个敏感时期，此时既要合理控制病害，又要防止药剂对草莓花期的影响，以免产生畸形果，因此，花期防治需采用综合手段，应以农业防治为主，化学防治为辅。

（1）农业防治 避免过多地使用氮肥，增施磷钾肥；避免灌水过多，及时通风，降低棚内湿度；控制植株过旺生长，及时去除老叶、病叶，保证通风透光良好。

（2）化学防治 开花时期一般不采取叶面喷施来防治病害，防止温室内的湿度过大，加重病虫害的发生。现阶段可选用百菌清烟剂来防治白粉病，400m^2 标准温室使用 4 ~ 5 枚即可，也可及时用翠贝加世佳水动力（100% 三硅氧烷助剂）进行防治。灰霉病可选择腐霉利烟剂来进行防治，会起到事半功倍的效果。

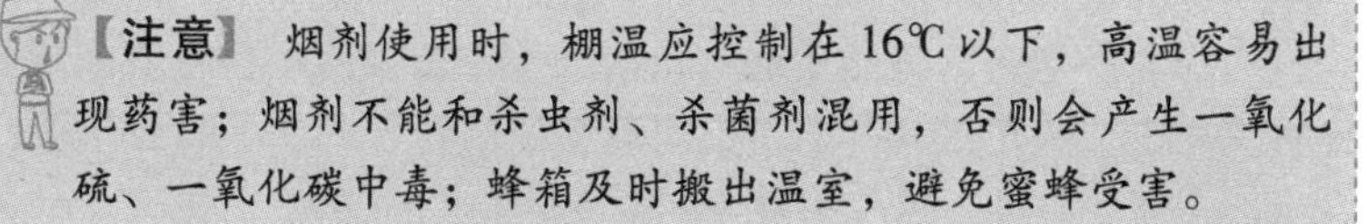

【注意】 烟剂使用时，棚温应控制在 16℃以下，高温容易出现药害；烟剂不能和杀虫剂、杀菌剂混用，否则会产生一氧化硫、一氧化碳中毒；蜂箱及时搬出温室，避免蜜蜂受害。

第十四节 果实生产前期管理

草莓从开花到果实成熟所需要的天数，因品种、栽培方式和气

候条件的不同而有差异。在北方地区日光温室促成栽培中，需50~60天。一般进入12月中下旬，日光温室里的草莓已经陆续开始成熟，直至次年6月。根据草莓生产时期划分，一般情况下从12月中旬~次年2月20日为果实生产前期，基本处于第一茬果的生长发育阶段。2月20日~4月20日为果实生产中期，草莓处于花果并存的换茬期。4月20日~5月20日为果实生产后期，温度越来越高，草莓生长进入末期，品质变差，草莓逐渐开始拉秧。

草莓果实成熟通常分为4个阶段，草莓落花后13~18天为幼果期，18~25天为膨果期，25~30天为转色期，30~40天为成熟期。草莓在不同时期对温度、光照、水肥的需求不同，采取的管理措施也不一样。在果实生产前期，北方地区正处于最严寒的冬季，光照弱、温度低，保温被要早盖晚揭，及时保温。在生产上，这段时间的管理目标是采取适宜的管理措施，促使第一花序顶端结果，保证第一茬草莓果实的产量和品质，从而获得较高的经济效益。

一 幼果期管理

幼果期，草莓果个变化不明显，但此时草莓果实体内的细胞数量快速增加，对外界环境比较敏感，要精细管理。

1. 温度管理

温度与果实的生长和成熟有密切的关系。温度高，果实发育快，发育期短，成熟早，但果个小，商品价格降低；温度低，果实发育慢，发育期长，成熟较晚，但个较大。在保护地栽培条件下，根据市场情况，通过控制保护地内的温度，可适当调节果实的成熟期，从而满足果品市场的需求，以取得较高的经济效益。所以，在这段时间可以着重平衡草莓品质和上市时间。草莓果实生长发育的适宜温度为白天控制在20~25℃，夜间温度控制在5~8℃，这是因为幼果期夜温低，有助于养分积累，促进草莓果实的膨大。

2. 水分管理

在幼果期要把握水分的控制。冬季温室草莓的肥水管理重点是协调好浇水与提高地温、降低棚内湿度的关系，只有搞好水分管理，才能保证温室草莓的丰收。

（1）把握浇水时间　这个时期的浇水应安排在晴天的上午，这样做不仅水温和地温温差较小，地温容易恢复，而且还有充分的时间来排除因浇水增加的空气湿度。一般不宜选择在中午，以免高温时浇水影响根系的生理机能。也不宜在傍晚和风雪天浇水，避免造成棚内地温低且难恢复，湿度过大，引起草莓病害大发生。

（2）注意浇水量　温室草莓水分严重不足时，植株翻卷且叶片出现焦枯。水分过多时，土壤缺氧引起根部腐烂。冬季温室浇水的原则是小水勤浇，每7~10天浇水1次，浇水量每亩为2t左右。

（3）加强通风管理　浇水后，开小风口进行通风，不但可以排湿，而且能尽快恢复地温，不要采取关闭风口来提高温室温度，以防湿度过大诱发病害。

3. 光照管理

寒冷季节，温室内的光照条件直接影响草莓的生长发育、产量和品质。草莓生产中又经常遇到阴天及雨雪天气，所以保持棚膜的清洁，减少棚膜水滴可作为改善温室内光照的措施。另外，可通过悬挂补光灯或反光膜补光的方法增强光照（见彩图34）。

4. 补充二氧化碳气肥

二氧化碳作为光合作用的主要原料之一，被称为植株的粮食。在一定范围内，二氧化碳供应充足，草莓植株的光合效率增加，能够提高草莓的品质，提高草莓植株的抗病能力，还能使产量提高20%~50%，从而提高经济效益。但是在保护地栽培中，早晨揭开保温被后，温室内的二氧化碳因草莓植株的光合作用而迅速耗尽，室内二氧化碳的含量远低于外界（0.3%），使光合作用处于饥饿的状态，所以我们要人工补充二氧化碳。在生产上，目前最常用的方法是悬挂二氧化碳气肥袋。这种气肥袋不需要水、电等外界条件，仅仅通过袋内的碳酸氢铵和催化剂就能够持续地释放二氧化碳气体，既方便又高效（见彩图35）。在悬挂时，悬挂的高度是距离草莓植株上方0.5m的位置，按“之”字形排列，悬挂的数量一般每亩大约20袋，可连续使用30~40天。其他温室二氧化碳补充方法如下：

（1）二氧化碳发生器　二氧化碳发生器一般采用耐高温、防腐

蚀材料制成，内设自动控制装置，通过硫酸和碳酸氢铵等化学反应释放二氧化碳，从而达到补充二氧化碳的效果。该方法加料方便、施用安全，但是出气不稳定，需要不断地实践摸索。

（2）利用煤气生产二氧化碳 利用中央锅炉等系统来对低硫燃料如天然气、石蜡、丙烷等进行燃烧来释放和补充二氧化碳。该方法安装费用高，操作不安全且产生二氧化碳的浓度难以控制。

（3）液态二氧化碳 将二氧化碳装在高压钢瓶内，借助管道疏散。该方法使用安全，可以有效地控制肥量和施肥时间，但是充气麻烦，比较危险，成本较高。

（4）酿热温床 在温室靠山墙处挖床坑，坑长度约3m，宽约1.5m，深度1.2～1.5m，挖好后在坑里填入粉碎的作物秸秆和发酵菌。铺放酿热物时，应分2～3次填入，每填一次都要踩平踩实。酿热物只能填至离床坑口17～22cm处，垫得太满，易散热，保温效果差；垫得太少，苗床操作不方便。采用酿热温床的方法，在补充二氧化碳的同时，还可以使温室内的温度提高1～2℃。

5. 追施肥料

此时，要进行追肥补充养分。一个跨度8m、长度50m的标准草莓温室，随水追施氮、磷、钾比例为19:8:27＋TE的水溶性肥料，施肥量为2～3kg。最好追施含氨基酸的水溶肥，在满足氮、磷、钾等大量元素的同时，还含有多种微量元素满足草莓生长发育所需的养分。

草莓冲施肥多以滴灌的形式随水滴到草莓根部，所以要求肥液浓度要均匀。在浇肥之前把肥料溶于水中，上午温度上升到20℃时开始浇清水，5min后关闭进水阀门，将肥料溶液等分成2～3份，每次只往施肥器中倒一份；浇15min后，再注入另一份肥液，等浇完肥液后再浇5min的清水，冲洗浇水管道。一个跨度8m、长度50m的标准草莓温室，浇水量控制在1500kg。浇水后开小风口通风排湿，防止大风口快速降温。对于像章姬这样果实微软的草莓品种，在果实膨大期应每次随水追施钙肥，每亩加入1kg的硝酸钙水溶液，有利于果实硬度的增加，提高果实的着色。

【提示】 全元素肥料的使用，为草莓生长所需养分奠定基础，保证果实正常生长。另外适当补充硼肥、镁肥，能提高植株的光合作用，可叶面喷施0.2%硫酸镁溶液来补充镁元素，叶面喷施0.2%硼砂溶液补充硼元素。加少量尿素可促进硼元素的吸收。

此阶段的草莓在植株形态上表现出新叶明显变小、叶片出现黄化、叶脉为绿色、叶脉间为黄白色，一般为草莓缺铁的症状。铁元素能参与叶绿素的合成，影响光合作用；还能参与酶的活化，影响呼吸作用。所以，补充铁元素至关重要。在生产上，补充铁元素可通过叶面喷施0.2%~0.3%硫酸亚铁溶液。要加强中耕，提高地温，促进草莓植株根系生长，提升铁元素的吸收率。

6. 疏花疏果

为了提高草莓果实的商品性，在草莓坐果后要加紧疏花疏果，使营养集中在留下的花果上，从而增加草莓果实的体积和数量。高级次的花蕾开花晚，往往不能形成果实，所以要及时除去高级次的花蕾。疏完花要做好疏果的工作。一般疏果率为15%~20%，疏果后每个花序留果6~8个，一株草莓留果12~16个。疏花和疏果有利于减少植株养分消耗，集中营养，使果实成熟期集中，减少采收次数，提高果实品质和商品果率，从而增加经济效益。

【注意】 在幼果期尽量不摘叶，以免产生伤口，而且会削弱植株长势，减少草莓植株光合作用面积，直接影响果实的正常发育。

在疏花疏果时一定要先整体把草莓果抓起来，摘除畸形果、病果之后再根据草莓长势留果。对于过于弱小的植株，可以疏除全部花和果以培养草莓植株。健壮苗留10~12个果，中等苗留8~10个果，偏弱苗留3~5个果，并且留果数量可根据销售方式进行调整，需要大果的适当少留。

7. 及时植保

对草莓要每天观察，发现病虫害要及时进行药剂防治，不要等

大面积发生后再防治。这个阶段白粉病病菌容易在果实上发生，12月~次年2月进入白粉病的第二个高发期。白粉病是顽固性病害，很难一次完全治愈，要时刻关注白粉病的控制效果，及时确定防治措施。但此时草莓果实细胞在分化，打药容易引起畸形果，应尽可能用烟剂防治或采取通风降湿等物理防治方法。

产生药害后，植株不能恢复生长的，要及时补种或改种；功能叶损失少的，可以先喷水洗药，同时加强肥水管理及温湿度管理，也可叶面喷施缓释剂、生长调节剂，如植物动力2003、白糖水、喷施宝、细胞分裂素、叶面肥等，以减轻药害，促使植株逐渐恢复正常生长，降低药害损失。温度控制在22~25℃，不要太高，否则会加重叶片的负担。浇水时要浇小水，避免大水降低地温，不利于草莓根系活动。

【提示】 对于白粉病发病比较严重的植株，摘除病叶、病果，如果整株感染严重，要整株拔除，清除病源。

小技巧

新型病虫害防治方法

（1）静电防治　利用生物电技术，在温室内形成的空间电场能抑制病菌的流通，有利于对白粉病等病害的防治。静电将空气中的雾凝固，使其变成水，达到降低空气湿度的目的，有效防止草莓病害的发生。

（2）臭氧防治　臭氧可将温室内空气与植株表面的有害细菌、真菌、病毒等快速杀死或钝化。臭氧防治是通过装置中高压、高频电的电离作用将空气中的氧气转化为臭氧，进而在生产中用于病虫害的防治。生产上常见的有臭氧发生器和臭氧功能水喷雾器。优质的臭氧发生器应是高介电材料制造、标准配置（含气源和净化装置）、双电极冷却、高频驱动、智能控制、高臭氧浓度输出、低电耗和低气源消耗。但是臭氧发生器造价高，安装复杂，并且存在一定的安全隐患。臭氧功能水喷雾器是由水容器、臭氧发生器、蓄电池、供气部件、喷施部件等组成。由于是通过高压喷头将臭氧水喷施在草莓植株上的，喷洒均匀，防治效果更佳，操作简单，是目前生产上使用最广泛的方法。臭氧功能水的浓度一般为 0.7 ~ 1.0mg/L。在草莓生产上，臭氧防治对灰霉病、白粉病、红蜘蛛、根腐病等多种常见病害具有明显的防治效果，具有广谱性、高效性、快速性、环保绿色性等特点，但是臭氧杀菌受温湿度等影响严重。棚温在 30℃ 以上的白天，臭氧灭菌几乎无效，因此，在夜晚、阴天使用效果好。

二 膨果期管理

草莓落花后 18 ~ 25 天为膨果期，是草莓丰产的关键时期。此时果实体积快速膨大，对养分的需求量急剧增加，在此期间应大量补充养分，着重补充磷钾肥，采取大温差管理，增加干物质积累。

1. 温度管理

膨果期的温度管理要兼顾花芽分化与果实膨大两个方面的需求。白天温度过高有利于果实膨大，但会影响花芽分化质量，从而影响果实的产量；如果温度过低，有利于花芽分化，果个大，但果实生育期会拉长，果实膨大受到影响，导致果实偏小，影响销售单价，从而影响种植户的经济效益。为了提高草莓品质，控制上市时间，在膨果期的温度管理上，夜间要适当地降低温度。白天温度维持在 25 ~ 28℃，夜间温度控制在 3 ~ 5℃，采取大温差管理。

尽量延长有效高温时间。在早上通风换气后，合上风口，当温度上升到 27℃ 时，开小风口，温度继续上升至 30℃ 时，适当拉大风口使温度下降，当温度下降到 25℃ 时，缩小风口，风口宽度保持在 2cm 左右，让棚内尽量保持长时间较高的温度，促进草莓的生长。

【提示】 对于持续低温的天气，在早上或中午都要进行短时间的换气，不但可以散掉棚内的污浊空气，还可以补充二氧化碳，禁止长时间闷棚。2～3天都不打开风口，这是绝对禁止的。

2. 水肥管理

由于草莓根系较浅、叶片大，蒸腾作用强，所以对水分的要求极高。进入膨果期，应保持80%左右的土壤湿度，确保土壤水分供应充足，否则会影响果实膨大和植株生长。草莓生产中虽然使用地膜覆盖，也要保持7～10天浇1次水。浇水时间依然控制在10：00左右，最迟12：00结束，浇水后降温时棚膜合闭提温，温度上升至25℃时打开风口排湿，使空气的相对湿度保持在30%～50%，有利于草莓坐果，同时能抑制病虫害的发生及传播。值得注意的是，在膨果期后期，草莓快要成熟时，要适当地控制浇水量，避免因水分过多而影响草莓品质。

【注意】 在果实生长期杜绝使用果实膨大素。为提高果实硬度和单果重，可追施0.2%的糖醇螯合钙。

草莓膨果期需要的磷钾肥较多，所以要及时地补充磷钾肥。在补充磷钾肥时最好与氮肥配合使用，能最大限度地促进营养元素的吸收，提高产量。在实际生产中，当温室内的温度上升至20℃时，用0.2%磷酸二氢钾溶液加0.1%尿素溶液进行喷施。在喷施磷酸二氢钾时可加入碧护，每15kg水溶液加入2g碧护配成溶液进行喷施，有利于草莓的光合作用。

【提示】 此时浇水施肥量较大温度较高，这样的环境条件容易使草莓植株出现旺长。可叶面喷施8%氨基酸钾溶液，控制植株长势。

3. 植株整理

对于过密的叶片，要适当进行摘除。摘除的原则是摘除畦中间相互重叠遮阴的叶片，避免田间郁闭。

三 转色期管理

草莓转色期最大的特点是果实颜色由青色转为白色，果实体积继续增大，但膨大速度减缓。转色期是影响果品外观的重要因素，此时应在管理上特别注意。

1. 温度管理

果实转色需要合适的温度和光照，雾霾天气多发及阴天、雪天等都会导致大棚内光照强度不够、温度低，影响果实转色。现阶段可利用补光灯及时补充光照，改善光照不足的现状；同时，调整通风时长及风口大小，提升棚温。草莓开始转色时要控制温度，不要过高，否则转色太快，草莓果实发白，不紧实。白天温度控制在22～25℃，夜间温度控制在5～6℃。另外要加强通风、透光管理。

2. 水肥管理

在水肥管理上，每7～10天浇水1次，合理控制氮肥的用量，增施磷肥、钾肥。氮肥能促进种苗营养生长，导致养分供应叶片多，转移到果实少，所以适当控制氮肥用量。

草莓是连续开花结果的经济作物，其健康生长需要速效养分。一般落花后18天进入果实膨大期，自此需每2周进行叶面追施1次0.2%磷酸二氢钾溶液，以确保草莓的产量及品质。

在草莓果实六分熟时，追施磷钾肥，七分熟时控制氮肥使用量，降低磷肥使用量，否则果实发黑发紫，影响其品质。

【提示】红色地膜比黑色地膜更能刺激草莓生长，能透射红光，同时可阻挡其他不利于草莓生长的光透过，使草莓生长旺盛，有利于果实转色，提高着色度和糖度。用发酵好的麻酱渣液调制成与水的体积比为1:10的混合物进行灌根，可以提高草莓风味和色泽度。

3. 植株整理

随着草莓生长加快，新叶、侧芽发生很快。侧芽过多，产生的草莓叶片也就过多，由于空间限制，导致叶片会很小、通风透光性

变差，很容易造成花蕾感染灰霉病。侧芽过多还会影响草莓养分集中供应给果实，这时要及时去除主芽两侧的侧芽，使侧芽数量控制在2~3个，其余的侧芽要及时摘除。

4. 转果

草莓一面受到光照，温度高，成熟快，上色很快，有时受光面都呈紫红色，但在背面贴近地膜处温度较低，转色较慢，依然呈青白色或粉红色，因此形成阴阳果。为此，在果实快要成熟时要轻轻地将草莓果实转动一下，将果实背面着光。转果不要太晚，否则成熟度较高的果面转到背面贴近地膜，接触果面和地膜之间的水，容易腐烂。

转果时间也不要太早，转果最佳的时间是着光果面呈粉红色。转果时要轻拿轻放，否则容易扭伤果柄，甚至扭掉草莓。在转小果时要轻压一会，防止草莓再转过来。转果时间最好选择在晴天无滴水的时候进行，温室内的温度较高时要先通风降温再进行转果，否则果面温度较高，接触地膜后容易造成果面擦伤。

四 成熟期管理

1. 温度管理

草莓成熟后就要及时摘除，否则在温室内的温度较高且湿度大的情况下，果实很容易腐烂，如果照顾成熟的果实而降低温度，则会影响后面的果实成熟。草莓成熟后要控制温室内的湿度，防止棚膜滴水而使草莓果实被水浸湿导致腐烂。在早上温度较低的时候要适当地晚开棚，防止棚膜表面结冰影响棚内的透光和保温效果。白天温度宜保持在18~22℃，夜间保持在5~6℃。

2. 水肥管理

在草莓快要成熟时，要适当控制浇水量，增加甜度，避免因水肥过大，影响草莓果实的品质。

草莓一方面成熟，另一方面幼果继续膨大，此时要及时追肥。10：00开始浇3kg氮、磷、钾比例为16:8:34 + TE复合肥加0.5kg腐殖酸钾。腐殖酸钾有利于草莓根系发生，提高草莓根系的活性，促进草莓植株生长，提高草莓果实的品质和着色度。

这个时期还应加强叶面肥的补充，肥料以0.2%磷酸二氢钾溶液为主。阴天低温条件下，在喷施肥料时要注意每次加入碧护5000倍液，以调节草莓生长势，防止草莓低温生长缓慢时受到冷害。

浇水后注意通风换气，尤其在果实成熟期浇水更应该注意温室中的湿度对草莓果实的影响。

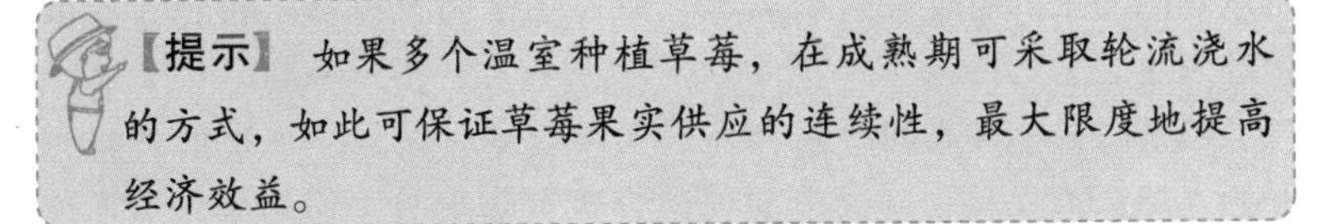

【提示】 如果多个温室种植草莓，在成熟期可采取轮流浇水的方式，如此可保证草莓果实供应的连续性，最大限度地提高经济效益。

3. 植株整理

草莓陆续成熟时要适当地摘除一部分老叶，一方面利于通风、透光，另一方面有利于草莓花芽分化。每次摘叶控制在1~2片，不能摘叶过度，保持5~7片展开的叶片。摘叶一定要根据草莓长势和叶片的多少进行摘除，不要机械地摘叶。摘叶的重点仍是草莓畦中间的叶片。

此时草莓侧芽发生较快，要及时摘除，部分侧芽开始现蕾时，在侧面保留1~2个侧芽。在摘侧芽时要根据实际情况而定，侧芽幼小时直接摘除，侧芽过大时要剔除侧芽的芯部，如果强行摘除大的侧芽则很容易造成较大的伤口，较大的伤口很容易削弱草莓长势，同时在高湿高温的环境中容易感染病害。

4. 疏花疏果

草莓不断地开花结果，在日常管理中要不断地摘除过小的花、花蕾。过小的果和畸形果也要及早摘除，包括过小的红果，减少养分流失和杜绝潜在危害。

5. 晒畦中耕

冬季草莓生产的关键是提高温度，尤其是地温，地温长时间偏低，导致果实膨大缓慢，着色度差，很容易使草莓植株早衰。

浇水后地温下降，为了持续地提高土壤温度，在晴天上午要经常掀开地膜，让阳光照射草莓畦，提高草莓畦的温度。太阳辐射可以杀死土中部分致病微生物，促进有益微生物繁殖。

在晴天温度较高的时候将地膜打开，晒草莓畦。不要太早掀开地膜，否则容易起雾，当温室温度上升到15℃时，掀开地膜，晾晒1h左右，用小耙子中耕畦面，中耕要求依然遵循中间深、靠近草莓

植株两边浅的原则，不要伤及草莓根系。15：00 左右盖上地膜。否则夜间湿度很大，容易起雾，引起草莓病害的发生。

6. 及时植保

为了保证草莓的品质，草莓成熟期基本不打药，各种病害主要是以预防为主。悬挂硫黄罐熏蒸硫黄可用来防止草莓白粉病和灰霉病的发生。

硫黄罐的使用时间是在傍晚盖上保温被后进行。一般在 19：00 开始，23：00 关闭。在通电前要检查硫黄罐中硫黄粉的量，不要过少也不能过多，硫黄量一般为硫黄罐体积的 1/3 左右。当发现硫黄粉不足要及时添加硫黄粉，杜绝干烧发生意外。

【注意】 在果实成熟期，要减少刺激性烟剂和农药的使用量，避免影响草莓口感。一般采取物理防治和生物防治的方法，如采用臭氧防治或液氯兑水避光进行喷施。

7. 适时采收

草莓果实表面着色面积达到 80% ~ 85% 时即可采收，采收时间最好选在清晨露水已干或傍晚转凉后进行。采摘时果实果柄要短，不损伤花萼，轻摘缓放，进行果实分级，做好包装储存工作。

第十五节　果实生产中期管理

果实生产中期一般为 2 月 20 日 ~4 月 20 日，此时第一花序中端、末端及第二花序陆续坐果，管理目标是促使果实快速膨大，保障结果连续性，以获得稳产、高产。此阶段是草莓畸形果的高发期，果实品质下降，也会经常出现断茬、早衰的现象，因此要采取相应的管理措施。

一　温度管理

在草莓换茬期间，草莓花果并存。草莓植株受前段时间结果的影响，植株体内营养消耗过多，会出现矮化和生长势不强的现象。为此，在换茬期注意控制白天温度，促进草莓植株生长。白天温度控制在22～26℃，夜间温度控制在6～8℃。由于温度逐渐升高，在通风保湿方面，保温被应从前期的早盖晚揭逐渐过渡到早揭晚盖，放风时间逐渐延长。

白天温度要高些，早上揭开保温被后快速通风5min，之后合闭风口以提高温度，当温度上升到28℃时开小风口通风降温，温度降到22℃时简单地合风口但不闭风口，让温室中的温度维持在22～26℃，等到下午太阳快要落山的时候，打开风口降温，温度降到12℃时合闭风口，盖保温被保温。早晨未揭保温被之前观察温室中的温度表，温度在6℃左右属于正常。温度高就再晚点盖保温被。总之，夜间温度维持前半夜在10～12℃，后半夜在6～8℃。

二 水肥管理

进入2月以来，天气逐渐转暖，草莓日光温室内的温度逐渐升高，开风口放风后棚内空气湿度可迅速下降，草莓蒸腾作用增强，土壤和基质散失水分快。应注意及时灌溉以给草莓补充水分，尤其是在大批摘果后，为防止草莓失水出现萎蔫，基质栽培的草莓更要勤补水，防止基质过干，发生红蜘蛛为害。

这段时间适当增加氮肥的用量，跨度8m、长50m的标准草莓棚可选用氮、磷、钾比例为16:8:34+TE水溶性肥料2kg并浇水1.5t左右，适当控制浇水时间，不要过长时间浇水，以免降低温度不利于草莓缓苗。通风换气后，合风口提高温室中的温度，10：00左右温度上升到22℃时开始浇水施肥。在草莓采摘时期的浇水施肥，最好先用提前准备好的塑料大桶将肥料溶解，然后在滴灌时根据水流速度，注入施肥器中随水滴入田间。

换茬期还可每周进行叶面施肥，最好选择含微量元素的肥料，如0.2%磷酸二氢钾溶液加碧护5000倍液进行叶面喷施，也可用氨基酸型的叶面肥或灌根可及时地补充根系吸收的营养。

三 植株整理

1. 摘除老叶

进入2月，天气逐渐晴朗，温室中的温度上升很快。草莓生长速度明显加快，直接表现就是新生叶片增多。为此，在这段时间的

主要任务是摘除过多的老叶，促进草莓快速生长。草莓叶片增多主要是侧芽上新生长的叶片数量增加。整个植株只保留有5～7片展开的功能叶片，其余的尽量摘除。保留下来的是新、绿、大的叶片。另外，摘除结过果的果柄，以免消耗养分，在摘除果柄时个别果枝上带有小果，这样的果枝也要摘除。

2. 摘除侧芽

伴随上顶花结果进入尾声，侧芽花开始开花结果，侧芽萌生得很快也很多，要经常检查草莓根茎部除保留的侧芽外抽生的小侧芽，及时摘除侧芽，有利于草莓集中养分供应花和果。在去侧芽时不要生硬地拉拽，这样很容易使草莓植株根系晃动，影响草莓生长。应一只手扶住草莓，另一只手抓住侧芽向侧面使劲，轻轻地将侧芽摘掉。去侧芽尽量在小的时候处理掉，不要等长大再处理，容易造成较大伤口，从而削弱草莓长势，也容易引起致病微生物侵染。摘侧芽尽量在晴天上午至15：00进行。

四 疏花疏果

草莓不断地开花结果，在日常管理中要不断地摘除过小的花、花蕾。过小的果和畸形果要及早摘除，包括过小的红果，减少养分流失和杜绝潜在危害。

五 晒畦中耕

通风换气后将草莓地膜掀开，向一侧紧靠，使草莓畦面露出，晾晒1h后中耕，在中耕时温度没有上升到25℃就暂时不要开风口。此次中耕要求中间部分2～3cm深，靠近草莓植株要逐渐浅，在草莓植株附近只有1cm深，中耕整体上要浅，尽量不要伤及草莓根系。中耕后要注意不要开大风口放风，大风口容易使草莓畦面快速失水，在风口垂直下方的草莓容易“闪苗”。温度上升到27℃时开小风口放风，让温度缓慢下降。

六 及时植保

自2月开始温度逐渐升高，风口会逐渐增大，放风时间也会加长，这样温室忽干忽湿，一些致病害虫开始频繁活动。为了防止害虫的大规模发生，要提前做好预防工作。这段时间白粉病进入活跃期，红蜘蛛、蓟马也发生频繁，可以通过农业防治、物理防治、化学防治等综合手段开展植保措施。

从草莓扣棚膜起，在温室中悬挂黄板、蓝板，可有效控制虫害发生（见彩图36）。白粉虱、蚜虫、斑潜蝇、烟粉虱、小绿叶蝉、黑翅粉虱、绿盲蝽等多种害虫的成虫对黄色敏感，具有强烈的趋黄光习性；大部分蓟马对特定的蓝板有强烈的趋性。经过多年生产试验，通过色谱分析确认了某一特殊黄色、蓝色具有很好的引诱效果。利用这种趋性制成粘虫板对害虫诱杀效果非常显著。在日光温室内可选用30cm×40cm的粘虫板，一般要求粘虫板下端高于作物顶部20～30cm。

黄板和蓝板具有以下优点：绿色环保，诱虫效果显著；在板面双面涂胶、双面覆膜、双面诱杀，提高诱杀效果，降低虫口密度，减少用药；高黏度粘虫胶，高温不流淌、抗日晒、抗风干、耐氧化，持久耐用，棚室内可用半年以上甚至一年；操作方便，使用时不粘手、开封即用，省时省力；特殊胶板，经过多年的生产实践改进成针对性强的光谱颜色，粘虫效果显著。

七 其他管理要点

（1）草莓苗调控少用激素 换茬期草莓长势由于前期的管理和状况不同，既有徒长苗，也有处于长势较弱的苗，有的种植户为了促进其长势变壮或抑制其旺长，对草莓苗使用激素进行调控，但是由于激素浓度、喷施技术不容易正确掌握，调控效果往往不尽如人意，从而影响草莓植株的生长发育。故在调控草莓长势方面应尽量依靠栽培管理措施，避免使用激素。

（2）弱苗提温补营养 草莓因结果量较大，草莓苗的长势偏弱、叶色发黄。对于弱苗，在晴天注意提高棚温，清洁棚膜，增加温室内的光照强度，这样有利于提高土温，促进草莓根系生长，从而提高草莓苗的长势。白天温度控制在22～25℃，夜间温度控制在5～8℃。不要大水大肥，适当去掉老叶和果柄以促进地下根系生长。另外，在晴天叶面喷施0.2%磷酸二氢钾溶液，及时为草莓苗补充养分。也可适量喷施腐殖酸和黄腐酸等肥料，补充微量元素，以促进其长势。

（3）控制春季徒长 可通过控温、控水、控肥“三控”措施来进行：

1）控温：主要控制夜温。白天及时通风降温，同时控制夜间温度，晚关风口、晚放棚；白天棚温维持在26～28℃，夜间棚温维持在5～8℃。可以6：00左右的温度表数值为准，若高于5℃，则说明整夜棚内温度偏高，可通过调节保温被覆盖的多少及风口开放的大小来调节夜温。

2）控水：控制大棚内的湿度，使相对湿度保持在70%～80%。浇水不能过勤，每次需要灌透。

3）控肥：主要是控制速效氮素肥料的使用。

（4）改善草莓空心 造成草莓空心的原因很多，主要原因有：缺硼，导致果实空心，里面呈白色发干；果实生长速度过快，养分供应不足；浇水过多，细胞体积变大，导致空心；施肥不平衡，氮肥过量。

针对不同产生草莓空心原因，可采取以下措施进行改善：

1）对于缺硼素产生的空心，可叶片追施0.2%硼砂。

2）控制果期浇水量，少浇水，勤浇水。

3）使用0.2%生根粉，加快草莓根系生长，为果实提供更多养分。

4）平衡施肥，控制氮肥的用量，补充钾肥和微量元素，可叶片追施0.2%磷酸二氢钾溶液。

（5）预防草莓早衰 随着气温升高，草莓果实成熟较快，营养供给不足，导致种苗早衰现象的出现。为了防止草莓早衰，可以采取以下管理措施：

1）合理控制棚温，避免草莓徒长。白天棚温控制在20～28℃，注意“倒春寒”期间夜温不能低于5℃。

2）加强肥水管理。注意浇小水，保持土壤湿润；同时针对草莓生长情况追施磷酸二氢钾或氨基酸类叶面肥。

3）加强日常管理，及时摘除老叶、病叶、病残果及残余果柄，避免过多营养消耗，同时增加种苗的透气性、透光性。及时采摘成熟果，合理疏花疏果，防止早衰。

4）加强通风，有效降低棚温；增强草莓自花授粉，避免产生畸形果。

（6）断茬管理 由于草莓的最大经济效益是在春节前，为此第一茬果可保留稍微多些，这样第一茬产量较大，但第一茬果多势必影响下一茬果，而草莓总体产量高低的关键是在第二茬果上。在北方，草莓生产中第二茬果的上市时间基本上在春节后，此时人们开始上班，草莓销量不大，可以利用这个时间差及时采取相应的管理措施，控制第二茬果的结果量，恢复草莓长势。所以，断茬期的管理至关重要：

1）在出现第一茬果时要科学合理地控制草莓单株产量，同时在后期注意温湿度的管理，在第二茬花和果出现时，根据前茬草莓的产量和植株长势控制产量，保持植株健康生长。

2）在第二茬花和果出来时，白天要尽量控制多见光，外界温度不是特别寒冷的时候早揭保温被，下午晚盖保温被。白天温度为25～27℃，夜间温度为6～8℃。

3）加强中耕次数，防止草莓植株早衰。

第十六节 果实生产后期

果实生产后期一般为4月20日～5月20日，由于温度持续升高，草莓生长进入末期，此时的管理目标是控温、控水和控肥，延长果实采摘期。

一 温湿度管理

果实生产后期，温度持续升高，容易出现高温热害。要尽量降低棚内的湿度，开大风口加强通风，使用遮阳材料、开微喷等进行降温，保证白天棚内最高温度不超过32℃。通过安装遮阳网，或者在棚膜外喷涂专业的遮阳降温涂料，都可进行降温。除了专业的遮阳措施，还可利用土办法，即将泥子粉调成稀浆状或用稀泥浆涂于棚膜外进行遮阳（见彩图37），这种方式原料成本低，但雨水冲刷后需要重新涂，人工成本增加。

二 水肥管理

温度升高，植株的蒸腾作用加快，草莓容易出现缺水的症状。应适时增加浇水频率，小水勤浇，补充水分，灌水降温。

由于草莓种苗消耗过大，加之水分代谢快，易导致种苗生长缓慢或死亡，可适当补充全元素肥料，为果实提供养分，提升果品质量。

三 植株整理

及时将老叶、病叶、病残果及残余果柄摘除；及时将侧芽和匍匐茎摘除，避免过多营养消耗；温度升高，果实成熟加快，要及时采收成熟果实；加大力度疏花疏果，种苗上的花及较小的果实应全部清除，减少养分消耗，使养分集中供应，从而改善预留果的质量。

【提示】 在生长后期经常看到草莓的根系裸露在外面，原来的新茎木质化形成老茎，出现“跳根”的现象，尤其是生长健壮的草莓植株根系发达，更容易出现。“跳根”使草莓植株根系裸露，影响养分吸收。生产上可及时进行培土，刺激草莓产生新根，以维持根系和植株的正常生长。

四 疏花疏果

加大疏果力度，只留一级果，或者一个植株留 3 ~ 5 个果。进入 5 月，将新长出来的花全部去除，保证养分集中供应，促生大果。

五 及时植保

在生长后期，由于温度升高，天气干燥，加之后期经济效益下降，种植户田间管理松散，草莓病虫害发生速度快、传播范围广、危害程度严重。为了保证后期草莓果实的品质，要及时采取植保措施。可使用碧护、阿维菌素、联苯肼酯等药剂进行防治。

六 草莓拉秧和清洁田园

1. 彻底消毒温室

草莓生产后期，白粉病、灰霉病、蚜虫、红蜘蛛等病虫害发生严重，为了防止这些病虫害在温室中累积，影响下一茬草莓生长，也避免这些病虫害扩散到外界影响其他作物。拉秧前1天，彻底将温室消毒，防止病虫害扩散。

2. 草莓拉秧

早晨打开温室通风口，将温室内的烟放出。等温室内的烟放净后进入温室内，穿上工作服，戴上口罩清理草莓植株。具体操作时不要把整个温室的地膜全部去掉后再挖苗，否则由于此时外界温度较高，温室的通风量很大，土壤表面很容易因水分蒸发而干硬，不利于挖净草莓根系，同时增大劳动强度。为此，在清理温室草莓植株时应根据人员的多少和劳动进度合理分工，一边去地膜一边挖苗。清理出的草莓植株就地装进准备好的袋子中，不要随便乱丢。当天清理的草莓植株不能存放在温室里，应运到园区垃圾处理场焚烧，或者经过无害化处理和有机肥一起沤肥。

第十七节　果实采收、销售和深加工

一　果实采收

草莓是陆续开花、结果的植物，果实成熟期不一致。在北方日光温室促成栽培中，从12月~次年5月初，采收期长达6个月。如果草莓成熟就要及时摘除，否则温室内温度较高且湿度大，果实很容易腐烂，如果照顾成熟的果实而降低温度，则会影响后面的果实成熟。所以，为了保证草莓的品质，我们要选择在最佳的草莓成熟期进行及时采收。

1. 采收期的确定

（1）品种不同则采收期不同　不同草莓品种的成熟期差异很大，在采收时可根据具体的品种来进行采收期的确定。欧系品种相较于日系品种果实硬度大，为了保证果实的口感，尽量在果面着色达到100%时进行采收。目前，我国日光温室促成栽培品种大多为日系品种。常见品种的成熟期依次为圣诞红、红颜、章姬等。日光温室促成栽培从12月~次年5月，温度变化大，果实成熟速度也不同。一般1~2月上市的红颜、圣诞红等草莓品种，可在

90%~95%的成熟度时采收；对于果实较软的章姬等草莓品种，可在85%的成熟度时采收。3月气温升高后，红颜等在85%的成熟度，章姬等在80%左右的成熟度时，可进行采收。到了4月，气温更高，果实成熟速度加快，红颜等在80%的成熟度，章姬等在70%的成熟度时进行采收。广受好评的红颜成熟的标准是果实果面95%变红即可；章姬是果面85%变红，果肩部发白就可以采收。

（2）市场用途不同则采收期不同 草莓主要用于鲜食和加工，其中鲜食是目前市场上的主要用途。以鲜食为主时，在果面着色80%~85%时采收最适宜，此时草莓果实在形状、硬度、口感、耐储性等各个方面商品性最佳。除鲜食外，草莓还可进行深加工，制成果脯、果酱、果汁、果酒、果醋、果冻等多种草莓食品。用于深加工时，在果面全红时采收，此时，果实的含糖量高、果肉多汁、香气浓郁。如果果实用于制罐头，要求果实的一致性好，果实着色70%~80%，果肉硬度较高，颜色较鲜艳。

2. 采收方法

（1）采收时间 草莓果实同一果穗中各级序果成熟期不同，而且温室栽培采收期长达6个月，所以需要分期采收。

果实刚开始成熟时数量较少，可以1~2天采收1次，在采果盛期每天采收1次。草莓采摘应从早晨露水已干至11：00或傍晚温度较低时进行，温度高或露水未干时采下的果实易腐烂和碰伤。

（2）采收技术

1）采前准备：为了保证果实的品质，在施肥浇水后3天进行采摘，采收前适当控制浇水量，可增加果实的风味。采前浇水时可随水追施0.2%硝酸钙，增加果实的硬度。

2）采收过程：草莓果实皮薄，果肉柔软、多汁，采摘时要小心仔细，不能乱拉、乱摘和硬采、硬揪，以免碰伤果实。正确的做法是：应用大拇指和食指轻轻握住草莓果的中下部，然后向相反的方向用力，使草莓在果柄和萼片离层部分分离。

每次采摘必须及时将达到采收标准的果实采完，以免造成果实过度成熟，从而影响商品性能，受到灰霉病的侵染。

3）采收容器：采收所用的容器要浅，底要平，采收时为防止挤压，不宜将果实叠放超过 3 层，采收容器不能装得过满。可用塑料包装盒、塑料盆、泡沫盒等。在采收时，对坏果、病果、畸形果也一并摘除。

4）采后管理：每次采摘后要彻底地打扫卫生，清除温室中残余的垃圾。及时地将采收后残留的果柄去除干净，清除温室中残留的病果、烂果、病叶、烂叶。摘果后用硫黄罐熏蒸温室 4h，防止病虫害的发生。

3. 果实分级

保护地草莓主要是在水果淡季以鲜果供应市场，属高档果品。通过分级包装，可进行不同的定价销售，如此可使种植户利益最大化。草莓最好边采收、边分级，可以最大限度地降低对果实的损伤，保证果实的品质。目前，根据市场需求，一般情况下按照果实重量分为 4 级。一级果的重量在 26g 以上，22 ~ 25g 为二级果，12 ~ 22g 为三级果，12g 以下的草莓为等外果。

4. 果实储藏

当天采摘的草莓要销售完，尽量不要储存。如果确实销售不畅需要短时储存，常使用的是低温保存的方法。研究表明，储运草莓的最适温度是 0 ~ 0.5℃，允许的最高温度是 4.4℃，但持续时间不能超过 48h，同时空气相对湿度应保持在 80% ~ 90%。草莓采收后，要快速而均匀地预冷，然后低温储藏。库温保持 0 ~ 2℃ 恒温，可存放 7 ~ 10 天，但冷藏时间不能过长，否则草莓的风味和品质均会逐渐下降。如果冷库温度在 12℃ 左右，可储藏 3 天；在 8℃ 以下能储存 4 天。低温保存时特别注意不要弄伤果实，否则容易腐烂。纸箱码放最多不要超过 4 层。

二 果实的包装、运输和销售

1. 果实的包装、运输

草莓果实柔软多汁，不抗挤压和碰撞，作为节日型高档水果，草莓的包装尤为重要。良好的包装可以有效地减少草莓在运输过程中因各种因素（如挤压、碰撞、透气性不好等因素）影响而造成的风味缺失、变色变味甚至腐烂，同时也可以延长草莓的保存期，延

长货架期，为种植者和销售者减少损失，提高经济效益。

草莓可根据市场目标定位和运输距离采取不同的包装形式：

（1）根据市场目标定位包装 无论是传统销售还是网络销售，都要进行目标市场的定位。根据不同的市场采取不同的销售策略和包装形式，不仅可以充分满足消费者个性化、多元化的需求，还可使草莓种植户的利益最大化。

1）高档礼盒包装：在北方地区促成栽培下，草莓上市时间正值元旦、春节等节日，作为节日馈赠，草莓包装要求精美。采用礼盒包装，以其精美的外观造型，可以满足追求高端消费体验人群的需求，能够提高品牌知名度及草莓产品的商业附加值。对于有自主品牌的草莓种植户，建议按照合法性、时尚性、体现产品本质性的三大包装原则设计品牌包装，强化品牌意识，加强宣传推介。礼盒包装用的草莓果实就重量、外观、品质等方面都要求严格，一级果及二级果都可采取礼盒包装。高端的礼品盒以纸质材质居多，包装形式采取单粒泡沫防震包装，一级果（26g 以上）常见的包装有 12 枚、15 枚等规格，二级果（22 ~ 25g）常见的包装有 18 枚、20 枚等规格。

2）常规包装：对于进驻超市、社区、小贩零售的草莓果实，目前在包装上多采用一次性塑料透明包装方盒，不仅方便包装，而且使消费者购买时能够对盒内草莓的品质一目了然，防止来回开合碰伤草莓果实。果实等级一般为二、三级果，容纳 300 ~ 400g。在果实采收时，一般直接将果实采收至塑料包装盒内，不要倒箱重装。在码放时，松紧有度，整齐有序，防止果品损伤。

3）其他包装：目前市场上小贩零售时，小号浅底塑料盆包装也较常见。将草莓果实码放整齐后，覆上一层保鲜膜，即可进行售卖。但此类包装容易造成草莓果实挤压变形，降低商品性。

（2）根据运输距离包装 根据运输距离包装如下：

1）短距离运输：由于草莓极易变质腐烂，多种植于城市郊区，一般不经储存，采摘后直接进入附近的市场进行销售，因此，短距离运输时可采取常规包装，在清晨或傍晚温度较低时进行装载和运输，最好选用冷藏车进行运输，运输过程中注意防震。

2）长距离运输：网络销售快速发展，由于其不受距离、地域的限制，所以草莓远程运输越来越多。网上的消费者大多追求快捷便利的购物服务，物流运输配送问题是实现网络销售的关键一环。在包装上，防震是重点，首先可用环保水果网套对草莓进行单独包装，外层采用泡沫箱包装，码放整齐、牢固以防挤压，最后最外层用纸箱进行保护，防撞、防压、防破损。另外，在包装箱内可放置一定数量的冰袋，创造低温环境，最大限度地保护草莓的品质。最好在采收后及时完成包装进入物流运输环节，长距离运输时一般多采用空运，12～24h 即可完成配送，到达客户手中。

2. 果实销售

随着经济的不断发展，消费者需求日益更新，消费方式不断呈现出新的特点，草莓销售模式也在不断创新，逐渐形成了传统销售、网络销售、创意销售三大新型模式。

（1）传统销售 传统销售主要包括采摘、入驻超市和社区、批发零售等方式。销售主体包括园区、合作社及种植户个体。随着都市型休闲农业的发展，消费者越来越注重购物体验，田间地头式的采摘方式越来越受到消费者的欢迎。采摘价格高，种植户的收益较高，但是采摘一般局限于休闲农业发达的地区或旅游旺地、交通要道等人流量大的地方。入驻超市和社区，使草莓销售有固定的市场，经济效益相对有保障，零边际化的经济成本让产品和消费者最终受益。批发零售是目前草莓销售市场上采用最多的直销方式，主要集中在产地的集贸市场或路边小摊，由于是批发零售，销售价格不占优势，种植户的效益相较于前两种销售方式较低。没有固定客源和销售市场的草莓种植户个体可选择此种销售模式。

（2）网络销售 现代社会已进入信息时代，信息网络正在深刻影响着农业的发展。随着信息化进程的不断推进，网络影响给草莓销售带来了新的发展机遇。由于互联网没有时间和空间的限制，具有及时、快速和低成本等优点，结合互联网销售可以让草莓销售变得更为多元、快捷、低成本和高效，呈现出多种多样的线上与线下结合的 O2O 销售方式。通过“电商＋微商”等多种方式，草莓销售网络化可以使产品与客户零接触，减少中间环节，节省交易成本，

增加经济效益；运用现代化物流手段，突破距离、地域、时间的限制，让产品销售范围更广；还可带动农产品交易对接，扩大品牌知名度。

对于草莓网络销售，网络是工具，销售才是目的。常见的网络销售方式有进驻电商开设草莓销售旗舰店、做生鲜电商供货商、参加团购网站、与手机 app 合作、微商销售等。除了根据自身草莓产品特点选择合适的销售方式外，草莓网络销售还需要注意网上与网下销售的结合、做好配送和售后服务、搞好与客户的关系、做好人工客服的支持和网络维护工作。

（3）创意销售 创意销售包括政府创意推动和个体创意推动。

1）政府创意推动：通过举办展销会，搭建会展平台，积极发展会展农业，走品牌化、市场化道路；通过开展草莓嘉年华、采摘节等创意活动，发展观光休闲农业，吸引更多的市民走进乡村，拉动区域草莓产业发展，加速草莓产业化进程，实现“小草莓、大产业”。

2）个体创意推动：举办草莓品鉴会、开展亲子草莓美食 DIY、打造草莓养生会员俱乐部及 QQ、微博、微信等微媒体转发直播等，跟随当下消费者的发展特点开展创意销售活动，可以吸引消费者的注意，扩大宣传力度，从而开拓草莓销售市场。

三 草莓深加工

温室草莓促成栽培中，草莓从 12 月中旬开始上市，一直持续到次年 5 月。草莓采收期长，在长达半年的时间里，草莓一直有果可采，保证了企业深加工原材料供货的可持续性。温室栽培的草莓一般 30% 通过采摘销售，50% 通过团购、超市、商贩等渠道销售，而剩下的 20% 则由于商品果品质差，销路难寻。尤其是在 4 月 20 日之后的果实生产后期，随着温度的升高，草莓果实的品质下降，不仅难储存，而且销售进入淡季，价格大幅下降。销路不畅的草莓果实产量为草莓深加工提供了丰富的原材料。所以，进行草莓深加工，发展深加工产业，无论是从采收期还是产量上都具有可行性，不仅可缓解草莓鲜销压力，避免霉烂损失，又能满足不同消费需求，为种植户增值创收，还可推动区域草莓产业链更加科学，使草莓产业化水平更高。

目前，最常见的草莓深加工食品主要包括果肉制品和果汁制品。其中，草莓果肉制品常见的有草莓酱、草莓果脯、草莓罐头、速冻草莓等，果汁制品常见的有草莓酒、草莓醋、草莓汁、草莓酸奶等。下面简单介绍几种草莓深加工食品的制作方法：

1. 草莓果肉制品

（1）草莓酱 由于制作工艺简单、储藏时间长，食用方便，色、香、味俱佳，所以草莓酱成为目前销售市场中最常见、最受欢迎的草莓深加工食品。

【操作方法】 将草莓放入锅内，加入与果实等量的白糖（白糖要分2~3次加入）进行煮制浓缩，煮制过程中要注意搅拌，防止焦煳。当含糖量达65%或温度达103~105℃时，按草莓量0.1%左右加入柠檬酸（先用少量水溶解）并搅拌均匀，然后停止加热，进行分段杀菌，也可置沸水中杀菌10~15min，冷却即可。

（2）草莓果脯 草莓果脯是以草莓果肉渣为原料，经过打浆、浓缩、烘烤等过程制作而成的果脯制品，营养丰富、酸甜适中、软硬适度、易消化，是一种休闲保健食品。

【操作方法】 把果肉渣和残次果放入打浆机内碎成细浆液备用。将浆液倒入容器中，加入适量淀粉和水，迅速搅拌均匀，防止结块沉淀，然后加入浆液量30%~50%的白糖、微量柠檬酸和防腐剂搅匀。取浆液分次放进平底锅中加热浓缩，待呈浓稠状时即可出锅，倒入干净的型箱或不锈钢盘中，压成厚4~5mm的块状，冷却后放入烘房或烤箱中干燥，温度为65~75℃，烘至不粘手、微软且不干硬时即可。烘好的果脯应及时取出，送入包装室趁热与容器分离，用电风扇吹凉。

（3）草莓罐头 制作草莓罐头的果实，为了保证罐头制品的外观和品质，要求果实大小一致，成熟度为八分熟。

【操作方法】 将草莓清洗干净，放入沸水中浸烫至果肉软而不烂，捞起沥去水分，趁热将烫果装入消过毒的瓶罐内。500g瓶装果300g，加入60℃的填充液（采用水75kg、白糖25kg、柠檬酸200g的配比，经煮沸过滤即为填充液）200g，距瓶口留10mm空隙。装瓶后趁热放入排气箱内排气，并将瓶盖和密封胶圈煮沸5min，封瓶后在

沸水中煮10min进行杀菌，取出后擦干表面水分，在20℃的库房内储存7天即可上市。

(4) 速冻草莓 速冻草莓由新鲜草莓为原料直接快速冻结加工制成，解冻后可直接食用。速冻草莓可以较大程度地保持草莓原有的色泽、风味和营养。

【操作方法】 用流水清洗草莓后控干水分，以免冻品表面带水或发生黏结；包装前按草莓重20%~25%加入糖（酸味重的品种加糖量可大一些），加糖后轻轻搅拌均匀；然后密封包装，置于-35℃迅速冷冻，至果心温度达-18℃即可放于低温中冻藏。

2. 草莓果汁制品

(1) 草莓醋 草莓醋呈红棕色，清澈透亮，醋味浓郁，是兼有草毒特殊清香味的果醋。与传统食醋相比，草莓醋的营养及风味更佳，草莓中大量的维生素、矿物质、氨基酸等营养物质在醋中得以保留，大大提高了草莓醋的营养保健功能。

【操作方法】 将草莓冲洗干净，或者榨汁后的果渣倒入锅内加少量水，慢火熬煮成稀糊状。待果浆晾凉后，放入缸内，添加适量发酵粉，将容器密封，让其自然发酵5~7天，容器上层就会出现一层红褐色的溶液，过滤后取其澄清液，即为香气浓郁的食醋。

(2) 草莓酒 草莓酒是以草莓为原料，利用酵母菌进行发酵而形成的具有独特色泽和风味的果酒。

【操作方法】 将充分成熟的浆果冲洗干净，按果、糖为10∶1.5的比例加入白糖，混匀后，置于釉缸中发酵，每隔2h搅拌1次，直到果实下沉，并且温度下降为止，然后酌量勾兑白酒，使酒精度达10%~30%vol即可。

(3) 草莓汁 草莓汁制作方便，口感好，容易加工，而且可搭配冰块等，酷爽解渴。

【操作方法】 选择充分成熟的草莓果实清洗干净，然后放入榨汁机中分离汁液，再按每千克滤液加白糖300~400g、柠檬酸2g的比例添料，搅拌均匀后，将果汁装入无菌的瓶或铁槽中，加盖密封好，再放入85℃的热水中灭菌20min，取出后自然冷却24h，经检验符合饮料食品卫生标准后，即可装箱入库。

第十八节　不利天气条件下的管理措施

草莓在日光温室促成栽培模式下，北方地区一般情况下于8月左右陆续开始定植，直至次年6月左右完成拉秧。在此期间会遇到雨天、连阴天、低温、大风、雾霾天、雪天、高温等各种恶劣性天气。阴、雨、雪、雾霾天气，温室内温度偏低，湿度相对较高，光照不足，造成草莓植株光合作用下降，出现植株生长不良、畸形花和畸形果增多、休眠早衰等各种现象。低温和高温环境还会影响草莓植株根系的生长，进而影响草莓开花结果。在不利天气条件下，若不能及时采取相应的管理措施，草莓生产将遭受严重的损失。

在不利的天气条件下，草莓进行灾害性生产管理最重要的是温度的调控。空气温度直接影响草莓地上部分的生长，从而影响植株的光合作用；地温直接影响草莓地下部分的生长，从而影响根系对养分、水分的吸收和利用。而在生产上，温度的控制除了风口控制以外，通过水分来控制温度也是非常重要的，所以，如何浇水对提高草莓产量和品质至关重要。除了高温天气，在其他不利的天气条件下，由于都属于温度低的情况，所以浇水的原则是少浇水，控制浇水量，防止地温过低，影响开花、授粉及果实品质等。

一　雨天管理

1. 定植前的雨天管理

（1）种苗假植的雨天管理　在种苗假植时也极容易遭遇雨天，在每次大雨过后要注意药剂防治，防止炭疽病的发生，可使用阿米西达、百菌清、噁霉灵等药剂交替使用，避免产生抗药性。在假植苗定植前的两三天，可用阿米西达对整个假植田圃进行防治，最好选择在傍晚进行，避开高温期。在起苗时尽可能保持较多的草莓须根，在起苗时提前在假植田中浇水，一方面可以使土壤或基质松软以利于起苗，同时有利于草莓根系的完整。

（2）做畦前的雨天管理　在做畦时，要求土壤保持一定的含水量，一般情况下需用水将温室适当浇一遍以利于做畦成型。如遇雨天，可省去提前浇水这一过程，待土壤水分蒸发，含水量合适时

（用力攥土，土成团且松手后散开即可），旋耕后立即做畦，同时覆盖遮阳网。

2. 定植期的雨天管理

每年的8月中下旬和9月初都是北方地区日光温室草莓大规模定植的时期，而这段时期正值高温多雨天气。如遇高温多雨天气，最好将草莓定植日期尽量延后，防止白天温度过高影响缓苗，多雨高湿容易造成草莓伤口感染，大雨还容易造成草莓垄垮塌。如果雨水冲刷导致畦面受到损伤，出现坍塌等现象，在定植前，要及时修补畦面。待雨后土壤的含水量下降，土壤不再黏重，再进行畦面的修补工作。

栽苗前给草莓畦创造适宜的土壤湿度利于种植草莓，提高草莓苗的成活率。如果遇到雨天，则草莓畦水分增加，畦面土壤的含水量增大。如果雨水较大，则草莓畦含水量过大，此时就要收起遮阳网，加强光照和通风，促进畦面水分蒸发。如果雨水较小，可以在表面洒水补充水分。定植时，要求畦的土壤含水量在50%~60%。

【注意】 在草莓种植时经常遇到雨天，如果栽完后就下雨，若是中雨级别，草莓成活率很高；若是小雨，就要在定植完后再重新浇水，浇水时注意土壤含水量的控制，防止水大冲毁草莓畦。如果刚下过雨，尽量不要定植草莓苗，因为下雨后土壤的含水量大，在定植压实的过程中很容易使草莓根部土壤板结，使草莓根茎部长时间处于潮湿状态，引发草莓枯萎病。为此建议在雨前可以种植草莓苗，雨后和大雨中不建议种植草莓苗。

3. 缓苗期的雨天管理

（1）注意遮挡 在雨量较大时，对于有防水保温被的温室应使用保温被遮雨，防止草莓畦面被雨水冲塌损坏，但要注意保温被是否带膜，若带膜，可根据雨量大小提前盖保温被；若不带膜，请谨慎使用保温被，否则保温被因吸水后过重，天晴无法收回而造成草莓缺光徒长。草莓垄比较结实的和架式栽培的，在雨量不大时可不用保温被遮雨，让雨水直接淋洗草莓垄，这样能起到洗盐的作用。

（2）雨后排水 如果雨量较大，棚内的工作宜暂时停下来，雨后要及时排除积水。在下雨时最好把遮阳网收起来，如果下雨时间较长，雨水汇集在遮阳网低洼处滴下来，会把草莓畦冲毁。

（3）修补畦面 雨后注意及时修补畦面。如果畦面损坏较为严重，在修补时很难一次性修补到位，要逐步修补，不要强行粘土，用力过猛很容易造成土壤严重板结。具体做法是：每次用平锹铲适量的润土在损坏部位贴充后，迅速用锹的平面稍微用力拍一下即可。

（4）注意给草莓苗补水 雨后草莓畦水分增加，会出现部分种植户选择不再浇水的现象。但是由于前坡的遮挡，温室北面的草莓植株由于得不到雨水的浇灌，容易出现干旱缺水的现象。所以应该及时观察草莓植株的生长情况，及时浇水。

（5）及时植保 雨天会导致温室内湿度较大，多雨高湿容易造成草莓伤口感染，诱发病虫害，应及时采取植保措施。雨后骤然放晴，还容易使正处于缓苗过程的种苗萎蔫甚至死亡。雨后可用阿米西达进行灌根，预防病虫害的发生。

4. 苗期的雨天管理

（1）扣棚前的雨天管理 雨后立即对苗地进行清沟排水，以最快的速度排除苗地积水，减少草莓苗的浸水时间，降低草莓苗的死亡率，确保苗的成活。积水排净后，对草莓苗进行清洗，清除叶片正面与反面的污物，以利于光合作用的进行，使植株尽快恢复生长。在清洗时尤其要将对苗芯和短缩茎处彻底清洗干净，确保苗健康生长。

经过雨水冲刷，草莓畦有不同程度的损害，应及时修补草莓畦以护好草莓根系。经过日晒，土壤的含水量已经下降，在修补草莓畦时，根据草莓畦的损害程度，要先修严重的，否则土壤水分蒸发快，土壤容易干，不易黏结。因为此时的草莓苗根系较大，在修畦时要注意贴近草莓根系的部分，尽量不要用过黏重的土，逐层修补，不要大块大块地添堵，修整的草莓畦面略高于其他畦面，在以后的中耕除草过程中逐步整平。在后面土壤较干的可以手工修补，不要用铁锹，否则修补效果和效率都很低。对于草莓畦面上裸露的草莓根系要及时用潮土覆盖，不要将草莓根系长时间地裸露在阳光下，覆土要细致，不要将草莓生长点埋住。

对于水淹时间较长的草莓温室，要浇清水缓解，因长时间水淹造成草莓根系缺氧受损，流动的清水可以带来新鲜的氧气以修复受损的根系。

雨后苗的生长势弱，易受致病微生物的侵害，因此，一定要做好草莓病害的防治工作，尤其是叶斑病的防治。在雨后晴天要及时用百菌清加碧护进行防治。

（2）扣棚后的雨天管理

1）阴雨连绵，造成温室内的湿度大，光照不足，极易造成病虫害的积累和突发。在雨天要加强防控，科学管理，尽量减少阴雨天对草莓造成的不良影响。

2）停止去老叶。阴雨天不要进行老叶的常规处理，减少草莓伤口，防止因雨水传染草莓病害。

3）加强通风。可根据雨量的大小适当关闭风口，减少雨水对草莓畦的冲击而造成坍塌。但注意雨水较小及雨后晴天后应及时将风口打开，进行通风排湿，防止草莓因夜温过高造成徒长。

4）及时植保。阴雨天过后，要及时用噁霉灵灌根，使用阿米西达和阿维菌素等药物处理草莓植株，防止因湿度大引发病虫害。

5. 果期的雨天管理

4 月左右，北方地区逐渐开始降雨。这时草莓生长已进入中后期，花果并存，雨天应采取相应的管理措施：

（1）及时排水 棚膜积水要及时排出，防止压坏棚膜，影响后期草莓生长。下雨前应及时卷起保温被，防止积水，减轻棚室结构重量。若未及时卷起保温被，应在晴天晒干再去掉，防止保温被发霉。

（2）及时通风 下雨天种植户常采取闭棚措施，造成棚室内的湿度大，易诱发白粉病的发生，应注意通风排湿。

（3）及时植保 雨天要采取烟剂熏棚，既降低棚内的湿度，又有控制病害的作用。对棚室加强通风，雨天尽量少浇水或不浇水，降低湿度，防止灰霉病和白粉病的发生。

（4）防止闪苗 雨后暴晴容易造成闪苗。在连续雨天突然放晴后，切忌将风口一下子开得太大，容易使草莓快速失水，造成植株萎蔫干枯。

二 连阴天管理

温室草莓促成栽培中，11 月 ~ 次年 2 月是草莓开花和第一茬果生长的关键阶段，但是这段时间也极容易出现连阴天的天气。在连阴天的情况下，光照弱，湿度大，温室内的温度难以上升，一般空气相对湿度可达 95% 以上，温室白天最高温度也仅在 10℃左右。这样的环境条件导致草莓光合作用减弱，草莓开花坐果率大大降低，畸形果大量增加，果实成熟期推迟，病虫害发生严重，严重影响草莓的产量、品质和种植户的经济效益。因此，温室草莓在连阴天应该在以下几个方面加强管理：

1. 坚持揭帘

一般认为阴天温度低，种植户怕所种草莓受冻，白天也不卷起保温被，岂不知云层的散射光对于提高室温，增加墙体、土地的蓄热量和促进光合作用的进行都有重要的作用。若盖棉被时间过长，室内无热量补充，温室难以升温，而室温还会随外界气温的下降不断下降，所种草莓就会遭受冻害。另外，长时间闷棚还会造成低温、高湿环境，诱导病害发生。草莓在长时间黑暗的环境中无法进行光合作用就会饥饿而死，因此，阴冷天也应卷起保温被。

连阴天的中午，只要在揭起保温被后不降温，就应坚持揭保温被，可促使植株接受散射光，增强植株对光照的适应能力，利于增产。在晴天当阳光撒满温室屋面时开始卷保温被，一般在 8：30 左右，下午落日前放保温被。放保温被前要求室温不低于 10℃，当外界气温低时可以晚揭 1h，下午可早盖 1h，切不可整天不揭保温被。中午开风口放风 10min 后合闭风口，将保温被压住风口，提高温室温度，15：30 左右温度下降时就要及时放保温被保温，严寒天气如果放保温被晚，棚膜上很容易结冰。

2. 适当升温

连阴天给设施草莓升温时千万不可使温度过高，尤其是夜温更不可过高。因为，夜温高则使草莓呼吸作用强，消耗多，而白天即使卷起保温被，所制造的养分也不多，经不起夜间消耗。加温一般在夜间进行，并在正午前后进行短时间通风。若苗小，最好在温室

内加小拱棚，这样，土壤温度下降少，苗在放晴之后萎蔫程度可大大减轻。

3. 降低湿度

很多种植户怕棚内温度低，白天也不打开风口，进入了操作的误区。连阴雨造成棚内温度低、湿度大，种植户白天应打开风口，保证温室通风良好，避免因捂棚造成的棚内空气湿度过大，引发病害。如遇更低气温，则靠调节风口的大小来控制棚内温度，花期棚内气温不要低于6℃，如果温度更低，则开一下风口放出湿气后再关上。

大棚前沿要增设防水沟，在沟底铺设地膜，将膜里面流下的水排出棚外或扎孔渗入地下。及时将棚室内的空气相对湿度控制在85%以下，能有效地控制绝大多数真菌孢子的萌发，从而控制草莓真菌病害的发生与侵染。草莓定植后，棚内实行全膜覆盖，盖住棚内所有地面，尽量减少土壤水分蒸发。膜下浇水后，要密闭进水口，防止水分蒸发外漏，位于地表的根茎相接处的地膜孔要用土封严。当棚内湿度过大时，可在行间铺设20~25cm厚的麦秸或麦糠，既可吸收大棚内多余的水分，又可在白天吸收热量，提高夜间棚内温度。

4. 增强光照

在草莓棚室内的北侧后墙处挂一道宽1.5m的反光幕，能明显增强棚室北侧的光照，增强植物的光合作用。也可用白炽灯作为光源进行增光处理，每盏100W灯约照7.5m^2，将灯架在1.8m高处，每天17：00~22：00加照5~6h。

5. 辅助授粉

11月中旬，草莓生长基本已进入花期，在此期间授粉成为影响草莓产量的关键因素。由于连阴天，天气比较湿冷，蜜蜂不出蜂巢，很难实现虫媒授粉，因此需要进行人工授粉。人工授粉最好使用毛笔，在花瓣内侧花蕊的外侧扫1遍雄蕊，再扫2遍另外一朵花最中间凸起的部分（雌蕊）。注意尽量采用异花授粉，相比同花授粉提高坐果成功率。

6. 及时植保

由于温室内湿度大，灰霉病、白粉病容易发生，如不及时采取措施，严重影响草莓生产。连阴天使用喷雾器打药的话，容易造成棚室内空气湿度更大，因此，防治白粉病和灰霉病可采用烟剂和硫黄熏蒸（见彩图38），既能防治病害，又可降低棚内空气湿度。

7. 久阴骤晴

若连阴天时温室内温度低，一旦天晴，卷起保温被后光照很强，温度骤升，草莓植株水分蒸腾加快，而根系吸收水分慢，这样叶片就会出现萎蔫。如果是草帘就应隔一块揭开一块，即常说的“揭花帘”；如果是保温被，不要立刻全部揭开，可以先将保温被升至1/3处，在早晨太阳出来到10：00将保温被全部卷起，不要放风，10：00后阳光增强时放下一半保温被，待13：00或14：00再把剩下的保温被完全卷起来。使棚内温度缓慢升高，让草莓有一个适应的过程，防止草莓病害的发生。如果不采取措施，植株就会出现永久的萎蔫。发现萎蔫，要立刻放下保温被，待叶片恢复伸张状态再卷起来，再次出现萎蔫时再放下来，反复几次，叶片就恢复得快，萎蔫的时间短，直到不再萎蔫为止。萎蔫较重时，也可以向叶片喷清水，让叶片吸取一部分，缓解水分入不敷出的状况，这样要连续观察2～3天，直到草莓植株适应晴天后才可转入正常管理。

三 低温管理

气温和地温较低，对草莓生长都会造成严重的影响。气温过低，导致地温过低，会影响根系对养分、水分的吸收，从而影响草莓根系的生长，导致植株生长不良，叶片变黄，抗逆性下降，引起植株休眠，授粉受精能力下降，畸形果增多，品质下降等。在生产实践中，在不同的生长发育期，遇到低温条件，要做好草莓防寒的准备，保障草莓生产。

1. 生物菌肥根施

草莓使用生物菌肥后，根系可增加40%左右，根深增加25%左右。根系发达，吸收能力强，就不会因缺水、缺素致使秧蔓因抗寒性差而冻伤。

2. 浅中耕保温

畦地表面板结，白天热气进入耕作层受到限制，储能就会减少，加之畦面有裂缝，土壤团粒结构差，前半夜易散热，后半夜室温低，易造成冻害。进行浅中耕可破地面、合裂缝，既可缓解地下水蒸腾

带走热量，又可保墒保温、防寒保苗。

3. 叶面喷肥

冬季光照强度弱，草莓根系吸收能力差，叶面喷施微肥，可防治因根系吸收营养不足造成的缺素症。同时应少用或不用生长类激素，以防降低抗寒性。

4. 补充碳素

冬季温室中栽培的草莓，在太阳出来后1h就可将夜晚植株呼吸和土壤微生物分解所产生的二氧化碳吸收，而后便处于碳饥饿状态。因此，气温高时可将棚膜开开合合，放进外界的二氧化碳，以提高草莓的抗寒性和产量；气温低时闭棚，人为地补充二氧化碳，可增强草莓的抗寒力，大幅度提高产量。

5. 加强授粉

当花期遇到0℃以下的低温时，可使柱头变黑，失去授粉能力。而且，蜜蜂活动最低温度为14℃，温室温度较低，光线不足，蜜蜂不爱出巢。所以，花期低温管理非常重要。当温度较低时，应设法使温室内夜间的温度保持在8℃以上。可用旧棉被将蜂箱四周包起来留出蜜蜂出气孔和进出通道，保证蜂箱内的温度。另外，可进行人工授粉来辅助，以保障开花率和坐果率。

6. 连续降温时的保温措施

连续的剧烈降温，使草莓温室中的温度更低，最低出现－2℃，若要维持草莓正常生长，温室保温必须跟上。具体做法如下：

（1）保持墙体干燥　墙体干燥时，传热慢，保温好；墙体潮湿时，由于水的导热系数高，会降低墙体的保温性。因此，冬季生产一定要保持墙体的干燥。

（2）加厚屋顶，保持屋顶干燥　严寒的冬季一定要想办法增强屋顶的保温性（若屋顶出现水滴，说明屋顶的保温效果差，应立即进行保温处理）。

（3）设置防寒沟　在温室前沿设置深50cm的防寒沟，防寒沟的宽度视填充材料而定，一般不超过30cm，以切断室内外土壤的联系，提高地温。

（4）保证覆盖质量及覆盖时间　覆盖物要顺风叠压，两边一定要与棚体压实，以免冷风吹入；覆盖物上部最好能压到棚顶中部，下端要盖到温室前50cm左右地面；覆盖物被雨、雪打湿后，要尽快晒干。覆盖物揭去的时间要以季节和室内气温的变化决定。下午盖保温被后，气温应在短时间内回升2～3℃，然后缓慢下降，如果盖保温被后气温没有回升反而一味地下降，说明盖晚了；揭棉被后气温短时间内下降1～2℃，然后回升说明正常，揭保温被后不降反而立刻升高，说明揭晚了。一般情况下，当早晨阳光洒满整个前屋面时即可揭保温被，在极端寒冷或大风天，要适当早盖晚揭。阴天要看室内温度决定覆盖物揭开的多少。

（5）采用多层覆盖 可在温室内设置保温幕及小拱棚等措施来保温。

（6）设施的密封性 设施密封要严实，通风口、门和窗要关严。

（7）加盖草苫 在温室的前面贴着棚膜、顺着温室走向盖一块1m宽的草苫，有利于防止温室内热量散失。

四 雾霾天管理

近年来，雾霾天气频繁发生，影响已经扩大至我国17个省，不仅危害人们的健康，对农作物的生长也非常不利，在草莓生产上也表现出严重的影响。持续雾霾天低温寡日照的天气条件对草莓日光温室设施栽培具有强烈的负面影响。雾霾中存在的大量粉尘污染悬浮颗粒，会阻碍太阳光的传播，使光照强度减弱，减少光照时间，温度不容易上升。而这些灰尘颗粒还会附着在草莓温室棚膜表面，降低棚膜的透光率，导致温室内光照不足，影响草莓植株的光合作用。温室内的气温、地温都较低，光照不足，同时湿度较大，会导致草莓生长缓慢、植株萎蔫、花粉活力降低、果实着色不均、病虫害容易暴发及产量下降等一系列现象，严重影响温室草莓的品质、产量和经济效益。

在持续雾霾天，可以通过以下几个方面的管理措施，减少不利天气条件对温室草莓的影响：

1. 温湿度管理

雾霾天温度较低，可通过在棚内扣小拱棚及夜间放下保温被来进行保温。另外，通过铺设地膜，提高地温，降低棚内空气湿度。

雾霾天温室内草莓水汽增加，白天应打开风口，保证温室通风良好，避免因捂棚造成棚内空气湿度过大，发生病害。靠调节风口大小来控制棚内温度，温度低也要适当通风，不要闭棚，通风不畅易导致白粉病的发生。

2. 光照管理

雾霾天大棚内的光照不及晴天的1/5，所以要保持棚膜清洁，防止膜面附着水滴和尘物，充分保持棚膜的透光性。

铺设反光地膜改善植株间的光照条件。

可在草莓棚后墙处悬挂反光膜，能明显增强棚室北侧的光照，增强植物的光合作用。在棚内可悬挂补光灯，使草莓有充足的光照进行光合作用。

通过适当摘除老叶等综合农业措施，改善草莓植株间的光照条件。

3. 水肥管理

每3～5天浇1次水，保持土壤见干见湿；减少氮肥的施用，适量增施磷钾肥、生物肥、腐熟有机肥等，以利于提高草莓植株的抗寒性。可叶面喷施0.1%磷酸二氢钾溶液，为草莓植株补充养分，增加叶片的光合作用。也可施用氨基酸水溶肥1000～1500倍液，增强植物的抗病性，健壮植株。

4. 病虫害防治

雾霾天温度低，棚内空气湿度大，极易引起白粉病等病虫害的发生。但雾霾天喷雾打药会造成空气湿度更大，所以可选用烟剂或硫黄熏蒸，既能防治病害，又可降低棚内空气湿度。

五 大风天管理

温室草莓若遇到大风天气，棚膜会随风鼓起，伴随的是气温明显下降，如果不及时采取相应的管理措施，棚膜就会被吹破，低温使草莓遭受冻害。在大风天气，生产管理一定要注意安全。

1. 棚膜管理

防风的关键是保证温室棚膜不受损失，科学覆盖棚膜。所以，在做防风工作时就要围绕棚膜来做。要检查棚膜是否已经按技术要求扣好，铁丝等压膜线是否紧好。棚膜底脚、后屋面及山墙处要用泥土压严压实，不留漏洞。放风口处棚膜重叠部分不少于30cm。棚膜上有损坏的破洞或划痕要及时修补。

2. 保温被管理

大风季节一定要注意温室保温被的牢固性，晚上起风前要将保温被的横梁固定在温室两侧预埋的地锚上，防止大风将保温被掀起砸坏棚膜。在特大风的时候要将保温被底部每隔一段距离就用石板压一下，防止保温被在风中抖动。在起风时要经常巡视，及时发现问题并第一时间处理，不留隐患。

一旦保温被被风吹起来，砸坏棚膜，造成棚膜大面积损坏或整个温室棚膜被吹掉，应用整个棚膜将草莓盖上，防止草莓冻僵，早上及时补膜。

3. 风口管理

当遇温室灌风且风比较小时，要先处理灌风口，压严灌风处；当灌风较大时，先在温室下风处打开适当的风口，让风能顺利流出，然后再压严灌风处，关闭下风处打开的风口，避免因灌风损坏棚膜。

由于大风天温度低，如果把保温被完全卷起来，棚膜上很快就会结冰，温度上升缓慢，并且滴水严重。10：00 时将保温被卷到顶部，将风口打开一个小缝隙进行通风，通风 5 ~ 8min 后合闭风口，将保温被下放到风口处压住风口。待 12：00 温室温度上升到 25℃时将保温被升到顶部，稍稍打开风口，进行通风换气。大风天气不要将风口开得很大，风口大一方面使温度迅速下降，另一方面很容易使顶棚膜上下抖动被撕坏。

六 雪天管理

1. 阴雪天管理

冬季出现降温和雨雪天气，持续时间长且强度大的话，会造成日光温室内光照不足、温度下降，对温室内的草莓影响很大。为此，在草莓生产上应主要做好如下几个方面的工作：

（1）增加覆盖物 在保温被上加盖一层塑料薄膜，不仅能提高大棚的保温防寒效果，又能保护保温被不被雨、雪破坏。

（2）注意揭盖保温被 晴天保温被要早揭晚盖，尽量延长草莓的见光时间；阴天可以适当晚揭早盖，避免棚内热量散失过多；阴雪天要在中午短时间揭开保温被，使草莓接受散射光照射，以免草

莓长期处于黑暗状态会造成光饥饿，叶片黄化甚至脱落，不能连续数日不揭开保温被。天气骤然转晴时不要立即揭开保温被，这样草莓叶片会因突然受强光照射而失水萎蔫下垂，应逐步揭开或间隔揭开，使草莓慢慢适应强光照射。

（3）适当升温 棚温降到0~3℃时，时间过长超过4h，日光温室草莓会遭受冷害。低温寒流天气棚温降到0℃时，应将无烟煤或木炭燃烧至不冒烟时放入棚内临时升温，这样在升温的同时能增加棚内二氧化碳的浓度，有利于草莓生长，有条件的可以用电暖气升温。

（4）适当控制结果量 在连阴雪、低温和光照不足的天气条件下，草莓叶片的光合能力弱，制造的营养物质少，满足不了草莓正常结果的需要，如果和正常天气条件下一样留果，会加重植株负担，使植株生长衰弱，抗逆能力降低。在不良天气条件下要对植株适量疏花疏果，使植株少结果，以保证营养生长对养分的需求，天气转好时再转入正常管理。

（5）水肥管理 在阴雪天浇水会造成棚内湿度过大，地温降低，产生沤根和烂根现象，应严格控制浇水量。浇水后遇连阴雪天气，在中午进行短时间的通风排湿。在长期低温寡照的条件下，草莓植株光合物质积累不足，叶片易变薄、黄化，可以喷施1%蔗糖营养溶液补充养分，以喷湿叶面为度。

（6）正确防治病害 不良天气易造成草莓生长缓慢、果实畸形、下部叶片黄化脱落等，在未确诊前不能盲目施药，以免产生药害，要等到晴天确诊后再对症用药。禁止用喷雾法施药，尽量采用熏烟的方法施药，避免增加棚内湿度，加重病害。

2. 小雪天管理

如果在初冬、早春出现小雪天气，由于外界温度不是很低，雪量不大，容易出现边降雪边融化的现象，使保温被湿透，不仅影响保温效果，而且由于保温被吸水过重，卷放起来也变得困难，容易压垮棚架。因此，应及时关注天气预报，在降雪前及时卷起保温被。雪量不大时，不能因为温度低而不通风，因为温室内湿度大，容易发生病虫害。早上卷起保温被，卷起位置以压住风口为宜，利于棚内保温；中午将保温被卷起，打开风口进行气流交换，风口大小为

5～10cm，通风时间为5min，由于温室内温度较低，因此通风时间不能过长。在15：00的时候再次将风口打开，进行通风换气，通风时间控制在5min左右，风口3cm左右。15：00通风后清理棚膜上的积雪，放保温被进行保温。夜间注意雪量变化，要及时清理棚上积雪，雪大就要把保温被卷起来。在大雪来临前，可以提前一两天对草莓植株进行低温锻炼，防止暴雪温度降低导致草莓冻害。

3. 大雪天管理

连续降雪，尤其大雪天，草莓管理要注意以下几个方面：

（1）降雪天可以不盖保温被 在保温被外部没有防雨膜的情况下，为了保持保温被的干燥，雪天可把其卷起。一般降雪天云层较厚、地面散热慢、风也小、气温不太低。温室中的温度在0℃以上，为了减少除雪的麻烦及积雪浸湿保温被并对棚面产生压力，在降雪时可以把保温被卷起，不仅可以保持保温被的干燥，而且下到棚面上的雪可以把棚面覆盖，薄膜面上厚厚的一层积雪可以起到保温作用。雪停后及时扒去棚膜面上的积雪，夜间盖上保温被。

（2）严防雪压造成温室大棚坍塌 若降雪量大，保温被被雪水浸湿，棚体承受的压力还会加大，导致棚室骨架变形，存在倒塌的风险。因此，雪天要格外警惕，要随时清除棚面上的积雪。另外，对一些跨度大、骨架牢固性差的棚室要及时增加立柱加固棚体，防止棚面负载过大而坍塌，防患于未然。

（3）保温被外加盖防雨膜保温 如果在保温被或草苫外加盖一层防雨膜，温室的保温效果会大大提高。因为，保温被保护的棚膜前屋面是最大的散热面，因此要求保温被或草苫厚实、干燥。草苫的厚度要求达到3～4cm，如果单层太薄可盖双苫或加宽两苫间的重叠部分。干燥的保温被或草苫才具有良好的保温性，保温被或草苫一旦被雨、雪、露水浸湿就会变成吸热体，犹如人们穿一件湿布衫会感觉很凉。湿保温被或草苫的保温性差，而且由于潮湿的保温被或草苫重量增加，加大了保温被或草苫之间的拉扯，使用寿命也大大缩短。为了保持保温被或草苫的干燥，在保温被或草苫外层应覆一层防雨膜，还可覆盖住草苫的透气缝隙，可使室温提高1.5℃，更便于雪后除雪，防止浸湿保温被或草苫。

（4）安装临时保温设施 目前，日光温室的热量来自阳光，全部依靠它为温室升温，形成一个使草莓冬季能够生长在下限温度以上的条件。但棚室的结构和保温、防寒设施不够过关，对一些强寒流、长时间的低温阴雪天气还难以抵御。如遇到这种情况，当最低室温降至7℃以下，并且每天持续在8h以上时就应进行升温补热。可安装临时性升温设施或在室内增加火炉，不论采用哪种方式，升温一定要有烟道把有害气体排出室外，以防人、草莓中毒。最为理想的是通过升温使温室内的最低温度维持在10℃以上。为升温防冻，还可在棚内扣小拱棚。

（5）增强光照 白天棚膜上始终有积雪，要及时清扫棚膜上的雪，增强棚膜的透光性。温室内的湿度大，棚膜上滴水严重，所以在白天要用抹布经常擦拭棚膜，减少滴水。温室的透光性弱，光照严重不足。可在温室中加浴霸灯，一方面增强温室光照，另一方面可以提高温室中的温度。每400m^2 的温室增设10～12盏。在6：00～8：00，14：00～16：00补光。

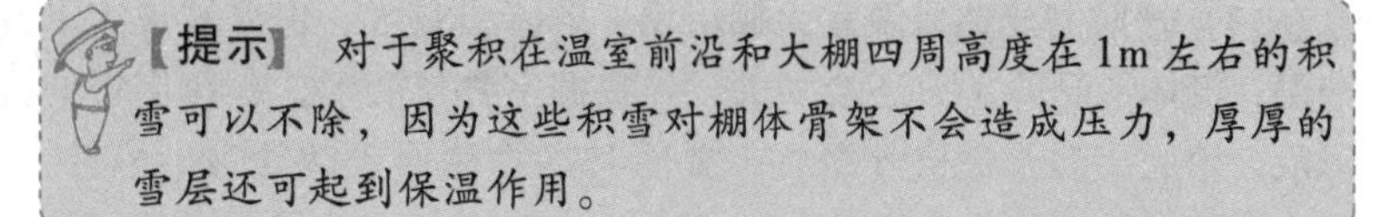

【提示】 对于聚积在温室前沿和大棚四周高度在1m左右的积雪可以不除，因为这些积雪对棚体骨架不会造成压力，厚厚的雪层还可起到保温作用。

4. 雪后管理

雪天由于无直射光照射，棚室内的温度都偏低，尤其是阴雪过程持续越长且气温越低。对多数草莓品种来讲，当地温处于10℃以下时，根系的生长和吸收基本停止。而且，老根的吸收功能急速衰退，新根又难以发生。阴雪天持续时间越长对草莓的危害越大。

（1）温度管理 温度管理要点如下：

1）在温度控制上，白天不要急于升温，低温造成草莓生理活动较弱，若突然提升温度，则造成叶片蒸腾较快，根际温度无法迅速提升，根系活力弱、吸收能力差，容易造成生理性缺水，导致植株萎蔫甚至死亡。

2）雪后放晴要注意棚室的夜间保温。雪后放晴，夜间天空没有云层覆盖，地面的热量大量向外辐射散失，使温度急速下降。如果棚室自身的保温性差，温度也会随外界气温的下降而快速降低，甚至会出现接近0℃的低温，使草莓出现冷害甚至冻害。

3）日落前放下保温被，尽量多储存些热量；增加覆盖层数，减少热量散失；临时升温驱散寒气；修复受损棚膜，用胶布补好，以减少冷空气侵袭，加固设施骨架。

（2）水分管理 水分管理要点如下：

1）在水分控制上，不要浇大水。土壤的含水量较低，如果一下浇大水，容易造成根际周围温度迅速降低，并且使含氧量下降，造成根系腐烂。

2）风口要及时打开，以保证通风量，不让棚内因蒸腾作用过强而导致湿度过大，但不要开太大，以免导致闪苗。

（3）光照管理 雪后放晴，如果马上卷起保温被，室温会迅速提升，叶片光照增强，植株向外大量蒸腾水分，而根系在吸水力极弱的状况下又难以满足叶片的蒸腾，如果不及时采取措施，就会使叶片形成难以恢复的永久凋萎并最终导致植株死亡。

为了防止这种情况的出现，在光照控制上应避免第一天光照过强，草莓苗不适应。卷保温被时不可一下全部卷到顶部，应该采取试探性的方式，即先少卷一些，如先卷起1/4，待一定时间后叶片无异常反应再卷起一些，直至全部卷起。既让草莓苗逐渐适应强光照，又可晒一下被雪打湿的保温被。如果发现叶片萎蔫，应及时回落保温被。这种放保温被、卷保温被多次恢复性适应过程可能要持续数天。而有时因棚室内低温时间过长、根系死亡过多，即使回落保温被也无济于事，此时就要考虑重新补栽其他作物。

（4）及时植保 雪后晴天要及时开展病虫害的防治工作，对于多天未浇水施肥的种植户，还可喷施叶面肥，快速补充草莓所需营养，加喷碧护5000倍液提高其抗性。

由于低温导致草莓容易感染灰霉病，为此在晚上放3枚腐霉利烟剂熏棚，防止灰霉病的发生。对于甜查理这类植株较矮的草莓品种，其底叶多平铺在地膜上，在高湿低温的环境中很容易感染致病微生物，应该在晴天的时候适当去掉一些这样的老叶。

七 高温天气管理

3月，气温开始回升，温室内的温度也明显升高，草莓长势明显加快，果实成熟加快。进入4~5月，温度更高，高温对草莓的生长发育危害很大。高温使草莓植株叶片蒸腾作用加强，容易出现脱水的现象，严重者可出现叶片灼伤、焦枯现象；地温升高，影响草莓根系的生长，从而影响水分和养分的吸收；气温升高，导致空气干燥还容易引起病虫害的发生。为此，高温天气应及时采取措施来改善温室草莓的生长环境。

1. 水肥管理

(1) 灌水降温 草莓光合作用的适宜温度是20~25℃，30℃以上草莓的生长和光合作用会受到抑制。所以，应适时地进行灌水降温，减轻高温对草莓的危害。浇水时间应避开高温时段，注意浇水要适量，否则会使草莓根系温度过低，或者水分较多导致升温缓慢，而地上部分快速升温造成草莓植株萎蔫。

(2) 补充叶面肥 生长后期，草莓根系开始老化，容易出现生理性黄化。追施磷肥有利于根系发育，可追施磷酸二氢钾或氨基酸类叶面肥。

2. 风口管理

加强通风，通过控制风口的大小，有效降低棚温。如果顶风口放风不能满足温度调节的要求，可以继续打开底风口来调节。

3. 植株管理

及时摘除老叶、病叶、病残果及残余果柄，避免营养消耗过多，同时增加种苗的透气性、透光性；高温匍匐茎发生量大，要及时摘除，防止养分流失；及时采摘成熟果，合理疏花疏果，防止植株早衰。

4. 增设遮阳网

高温条件下，草莓成熟时间缩短，品质下降，可以用遮光降温的办法提升草莓品质。安装遮阳网，可有效地降低温度，改善植株的生长环境，提升草莓果实的品质。

草莓生产季后期，晴天光照强度可达到60000lx，远高于草莓的光饱和点20000lx，因此部分遮光不影响草莓对光照的需求。遮光可用专业的遮光材料，对于一家一个棚的，也可用泥子粉调成稀浆或稀泥浆喷于棚膜外，前者防雨省工，一次喷涂即可，但价格稍高，后两者需在雨后再次喷涂，但材料价格较低。

5. 加强中耕

温度过高，容易导致根系的温度升高。可加强中耕，能改善土壤团粒结构，刺激草莓发生新根，促进须根的快速生长。

6. 及时植保

高温干燥的天气，草莓白粉病、红蜘蛛很容易发生。可使用醚菌酯喷施预防白粉病，用联苯肼酯防治红蜘蛛。

——第七章——
无土栽培模式

草莓栽培模式按照介质类型可分为传统土壤栽培（见彩图 39）和无土栽培两个类型。无土栽培正在改变草莓传统的栽培方式，具有减轻连作障碍、产品无污染、节水、节肥、病虫害少、高产和高效诸多优点。无土栽培是草莓栽培未来发展的必然趋势。

第一节　基质的概述

无土栽培根据根系的固定方法来区分，可分为无基质栽培和基质栽培两大类。无基质栽培，分为水培和喷雾栽培。水培是使用营养液来直接与草莓根系接触，保证草莓的生长。喷雾栽培指的是将营养液用喷雾的方法喷到植株根系上，基质栽培是指草莓根系通过固体基质进行根系固定，通过基质中的根系吸收养分来保证草莓生长发育，该方式在草莓无土栽培中应用范围最广。

一　基质的分类

基质可以分为有机基质、无机基质及混合基质（有机基质 + 无机基质）。常见的有机基质有草炭、稻壳、锯末等，常见的无机基质有蛭石、珍珠岩、岩棉等。各种基质的组成及特点见表 7-1。

表 7-1　各种基质的组成及特点

类　型	组　成	优　点	缺　点
无机基质	石砾、细沙、陶粒、珍珠岩、岩棉、蛭石等	化学性质比较稳定，通常含有较低的阳离子交换量	没有营养成分，需要持续补给作物生长所需的营养

（续）

类　型	组　成	优　点	缺　点
有机基质	堆肥、草炭、锯末、椰糠、炭化稻壳、腐化秸秆、棉籽壳、芦苇末、树皮等	含有一定的营养成分，材料间能形成较大的空隙，从而保持混合物的疏松及容重	各批量间品质差异大，有机成分在分解、吸收、代谢方面机理尚未明确，影响了其自动化控制的应用
混合基质	草炭和蛭石、草炭和珍珠岩、有机肥及农作物废弃物混合等	可以根据实际需要灵活配制	有2种或2种以上基质混合配制而成的，比例不同则性质差异较大，有一定应用难度

二 基质栽培的优势

1）充分利用土地，提高单位面积产量，适用范围广，不受地域、土壤、气候、季节等环境条件影响。

2）克服连作障碍，降低土传病害风险。

3）基质透水透气性好，降低病虫害的发生率，减少农药使用，实现绿色防控。

4）管理方便，省时省力。

5）灌溉施肥精准，有效提升水分及肥料的利用率。

6）改善果实品质，提高生产经济效益。

三 常见的栽培基质

1. 草炭

草炭又叫泥炭、泥煤。它是由于各种植物残体在水分过多、通气不良、气温较低的条件下未能充分分解，经过上千年的腐殖化后，形成的一种不易分解、性质十分稳定的堆积成层的有机物。草炭的含水量为60%～80%，在水分含量低的情况下，还可从空气中吸收20%的水分，在农业利用中，可改善保水性；有机质为30%～90%，腐殖酸含量为10%～30%，高者可达70%以上，灰分为10%～70%；含有22种氨基酸、丰富的蛋白质和腐殖酸态氮，磷、钾含量较多，还包括钙、镁、硅及其他多种微量元素。在草莓生产上，应用的草炭绒长最好不小于0.3cm。

2. 蛭石

蛭石是一种天然、无毒的黏土矿物，由云母风化或蚀变而成。蛭石属硅酸盐类物质，层间存在大量的阳离子和水分子。蛭石为褐黄色至褐色，有时带绿色色调，为土状光泽、珍珠光泽或油脂光泽，不透明。园艺用蛭石的常规规格有2种：1～3mm（用于育苗）、3～5mm（用于无土栽培等）。蛭石具有良好的阳离子交换性和吸附性，可改善土壤的结构，储水保墒，提高土壤的透气性和含水性，使酸性土壤变为中性土壤；可起到缓冲作用，阻碍pH的迅速变化，使肥料在作物生长介质中缓慢释放，并且允许稍过量地使用肥料而对植物没有危害；向作物提供自身含有的钾、镁、钙、铁及微量的锰、铜、锌等元素；蛭石的吸水性、阳离子交换性及化学成分特性，使其具有保肥、保水、储水、透气和矿物肥料等多重作用。

3. 珍珠岩

珍珠岩是一种火山喷发的酸性熔岩，是经急剧冷却而成的玻璃质岩石，因其具有珍珠裂隙结构而得名。园艺用大颗粒珍珠岩是由珍珠岩精筛选分离而成的，常规规格有2种：2～4mm、4～7mm。内部呈蜂窝状结构，吸水量可达自身重量的2～3倍。珍珠岩的透水透气性良好，是栽培和改良土壤的重要基质，可以有效地降低土壤的黏性和密度，增加土壤的透气性，提高栽培效果。

珍珠岩在草莓生产上的应用主要包括作为育苗基质和种植栽培基质，一般与蛭石和珍珠岩按照草炭、蛭石、珍珠岩为2∶1∶1的体积比制成的混合基质最适宜草莓生长。

4. 椰糠

椰糠是由椰子外壳加工而成的天然种植材料，经加工处理后的椰糠非常适于培植植物，是目前比较流行的育苗、种植基质，适合蔬菜、花卉、水果的无土栽培。常见的有椰糠压缩块，它是水藓草炭的理想替代物，可应用于农田、园艺、景观、育苗、高尔夫球场、蘑菇生产等领域。但是目前在生产上，椰糠脱盐没有制定明确的标准，盐分含量差异很大，限制了其推广应用。

一般椰糠的pH为5.0～6.8，碳氮比约为80∶1，有机质含量为940～980g/kg，有机碳含量为450～500g/kg。保水透气性好，结构稳定，天然有机，不含化学物质或虫卵，性价比高，环境友好，可循环使用5年以上。椰糠可以单独作为基质，也可和草炭、珍珠岩等其他基质混合使用。

第二节 基质栽培模式的分类

草莓基质栽培模式主要有2种，按照高度分为地面基质栽培和高架基质栽培，其中高架基质栽培应用最为广泛。高架基质栽培模式使用的高架多种多样，根据栽培方式可分为H形、A形、管道式、可调节式、柱式等，其中H形高架在生产中应用最为广泛。

一 H形高架基质栽培模式

H形高架基质栽培是指在温室中建立距地面高1.2m、长6m的H形高架，利用PVC膜、黑白膜、防虫网、无纺布包裹基质，采用水肥一体化技术施用肥水的栽培模式（见彩图40）。具体结构如图7-1和图7-2所示。

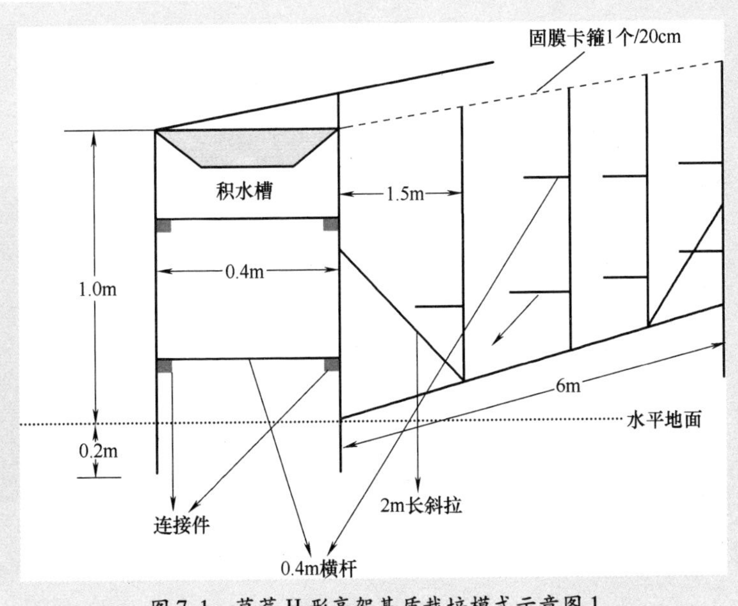

图7-1 草莓H形高架基质栽培模式示意图1

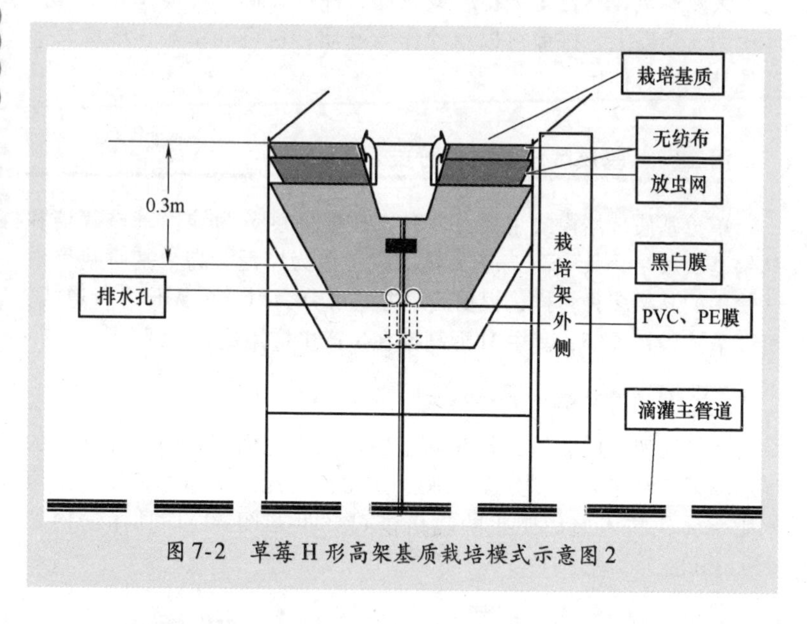

图 7-2　草莓 H 形高架基质栽培模式示意图 2

1. 安装规程

（1）平整土地　温室土地经过初步整平后灌水，夯实后再进行平整，如此反复 2 次可使温室土壤变得比较紧实，防止温室地面下沉导致栽培架下陷倒塌。土地平整完成后，根据温室面积铺设园艺地布，园艺地布的规格为 90g/m^2。

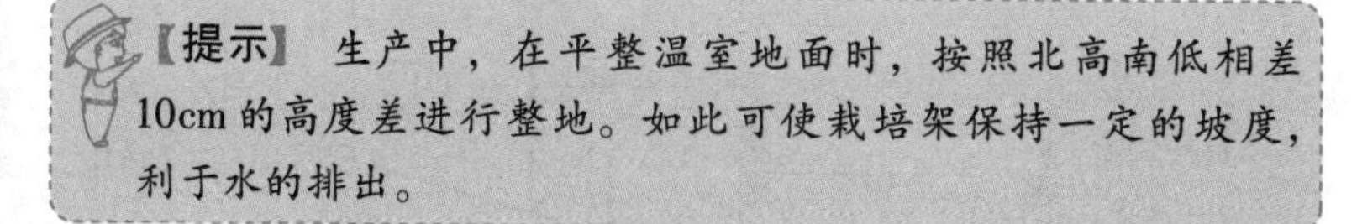

【提示】　生产中，在平整温室地面时，按照北高南低相差 10cm 的高度差进行整地。如此可使栽培架保持一定的坡度，利于水的排出。

（2）栽培架的安装　50m×8m 的标准温室，行距为 110～120cm 时建议安装 45～50 个栽培架。栽培架采用 3/4in（1in≈0.0254m，外径约为 26.7mm）钢管做栽培槽水平支撑杆，每隔一定距离在水平支撑杆两侧用钢管做垂直支撑杆，两侧垂直杆间用钢片连接以固定，其侧面结构图似英文大写字母“H”。

【提示】 为了保证水的顺利排出，栽培架要有一定的坡度。每个栽培架一般有5个H形支架，在将其固定到地面的过程中，根据从北到南的方向逐渐加深3～4cm，保证栽培架高度差相差至少20cm。

（3）栽培槽的安装 栽培槽从里到外依次为无纺布、防虫网、黑白膜，将这些材料做成深30cm、内径宽35～40cm的凹槽，最外层可用PVC膜/PE膜进行包裹，形成一个密闭的排水系统，既保温，又可使废液流走，减少水分蒸发，降低湿度。其中，黑白膜要求10～12丝（1丝=0.01mm）厚，无纺布为80～120g/m^2；防虫网的规格为80～120g/m^2。无纺布做的栽培槽可以使用3年，如果用合成树脂做栽培槽，长120cm、宽38cm、深28cm可以用5年以上，在栽培槽上可以定植2行。

【注意】 为了防止栽培槽负重不均匀，出现倾斜倒塌的现象，在每个栽培槽H形支架底部横梁下方垫放砖头，减少压强，分散承重压力。

1）裁剪无纺布、防虫网、黑白膜时，可以统一按照宽度为80cm的规格进行；PVC膜/PE膜可按照宽度为100cm的规格裁剪。各种膜材料的长度尽可能比栽培架多出1m，并且尽可能为一块整膜。

2）在安装膜材料时，要求北高南低。在压膜的过程中，可在膜的内侧放一根PVC管，压平安装材料，保证形成的栽培凹槽平整无褶皱。

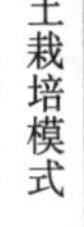

3）在膜材料安装完后，在膜内侧放一根PVC管，每隔20cm扎孔，不但有利于水的排出，还可以降低湿度。一般可用点燃的香头在槽内部从上往下烧小孔，相对于用钉子扎的话，这样烫出的孔不会收缩变小，排水好。

（4）基质填装 草炭、蛭石、珍珠岩、有机肥和缓释中微量元素肥料等混合使用。一般草炭∶蛭石∶珍珠岩的体积比为2∶1∶1。

【提示】 为了增加基质的紧实度和保水保肥性，可适当加入细的河沙，每立方米基质加入0.2m^3细沙。

干基质质地较轻，若直接填装，不但容易飘散，产生浮尘，而且不利于水的渗透。所以，在混合基质时可灌入一定的水，增加基质的含水量，不但容易进行填装，而且在填装后浇水容易渗透，利于基质沉降。

为了增加基质的前期养分，在混合基质时可加入适量的优质商品有机肥，每立方米掺入10～15kg的有机肥。如果把握不好有机肥，最好不要掺。在基质栽培中由于基质本身透水性很强，颗粒剂肥料和速溶性强的肥料一般不建议在基肥中使用，可以使用缓释包衣肥料。肥料的种类很多，可以根据缓释速度和包衣情况选择性使用。

多次使用的基质在种植前最好添加新基质并进行上下翻倒。如果基质本身很细则透水性变差，可加入适量珍珠岩。一般将珍珠岩用清水浸泡后再添加，3年以上的增加1/5。

在种植前一定要将基质充分清洗一遍，以基质渗出液不混浊为宜。

在填装基质时，分次分批尽可能压实，填装的量尽量多，填装后基质槽表面呈馒头状最佳，避免因后期浇水导致基质沉降过度，引起后期折茎。

（5）滴灌系统的安装 配备500L的塑料施肥桶，配有单独的水泵。主管为直径32mm的PVC管，滴管采用滴距为15cm的滴灌带，要求每槽2条。排水管尽可能粗，在生产上多采用直径在110mm以上的排水管。

2. 日常生产管理

在日光温室促成栽培中，采用H形高架基质栽培技术，根系生长在基质中，透水透气性好，保温保肥性差，容易出现缺水和营养不足的现象。在水分管理上，相较于传统土栽5～7天浇水1次的频率，基质栽培的浇水频率要增加，一般为2～3天浇水1次，浇水量要小，每亩的浇水量为0.5～0.8t。施肥的要点是少量多次，每次

1～1.5kg，每周随水追施肥料1次。高架基质栽培易发生红蜘蛛虫害，要注意防治。其他生产管理措施与地栽草莓基本一致。

高架栽培模式下，基质的保温性差，容易使根系温度过低，可通过以下措施进行保温：

（1）给草莓种植高架下安装塑料膜“围裙” 塑料膜没有严格要求，透明薄膜或银灰膜均可。温室内经过白天光照升温，晚上可以有效保温，次日10：00观测温度。经过试验，此方法可以提高基质温度3～5℃，还可以降低温室内的湿度，从而减少病害发生。

（2）“双膜”保温 在温室内距外层塑料膜30cm左右下方再罩一层可活动的薄膜，白天放下，晚上盖保温被后把可活动薄膜展开罩住，类似春秋棚两侧的风口。

3. 高架基质消毒

经过几个种植周期，多余的养分会在基质中残留，易造成草莓苗的成活率低。鉴于以上基质栽培特点，高架基质消毒可采用液体石灰氮和硫黄粉消毒2种方式，目前应用最广泛的是硫黄粉消毒方法，可达到调酸、杀菌的目的。具体步骤如下：

（1）基质适当灌水 对基质适当灌水，不要让基质太干，否则高温干旱会让成装基质的黑白膜和无纺布等老化脱落。

（2）去除大根 用剪刀将地上部分的植株去除。等几天后，须根腐烂，将剩余的大根拔出，以免下季栽培中未腐烂的根传播病菌造成枯萎病。

（3）撒施硫黄粉 向畦面撒施硫黄粉，用量为每架400～500g，在基质表面撒匀，不要翻到基质下面去，让硫黄粉随着每次灌水逐渐渗入基质，注意不要超量使用，超量使用会对装填基质的黑白膜和无纺布等造成腐蚀。

（4）覆膜 对基质覆膜，保持其湿度；温度保持在40℃就好，不要超过60℃，温度过高会造成基质发酵，影响下季栽培；栽苗前7～10天揭膜，灌水将基质中多余的养分冲洗一下，并用多菌灵、百菌清和噻螨酮等药剂喷施畦面（见彩图41）。

（5）装填基质 对于旧基质明显减少的，除了装填新基质外，还要将旧基质彻底翻一下，避免其过实，透气差，影响草莓长势。

二 后墙管道基质栽培模式

在日光温室后墙上设置通长的栽培管道，根据后墙高度可设置3～4排（见彩图42）。管道栽培一般采用的是市场常见的PVC管。PVC管放于水平的钢架结构上固定，具体结构如图7-3～图7-5所示。

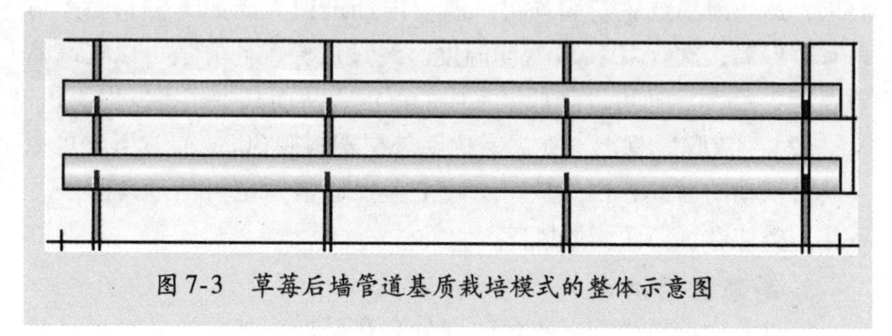

图7-3 草莓后墙管道基质栽培模式的整体示意图

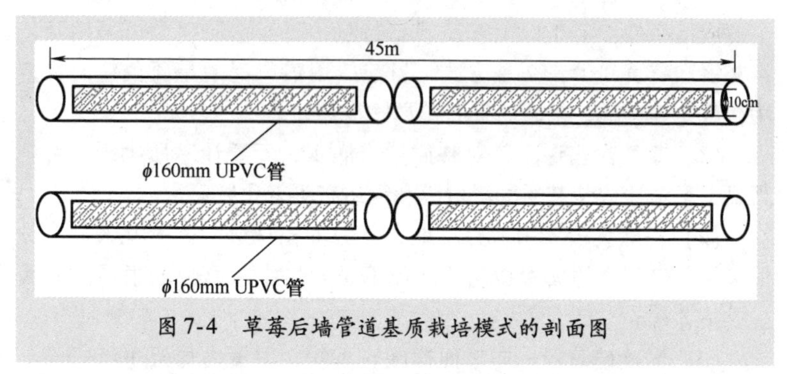

图7-4 草莓后墙管道基质栽培模式的剖面图

1. 安装规程

（1）材料栽培管道 使用的是直径不小于160mm的PVC管。

（2）架构栽培管道 上部截面宽100mm，单排长度不小于45m，栽培管道用4cm×4cm方钢每隔1.5m必须牢固固定在后墙上，要求管道之间连接紧密不要漏水，两排管道间距不小于50cm，原则上距地面高度在50cm以上。

【提示】 在管道安装时，供水一侧高出另一端30cm，倾斜一定角度，有利于水的排出。

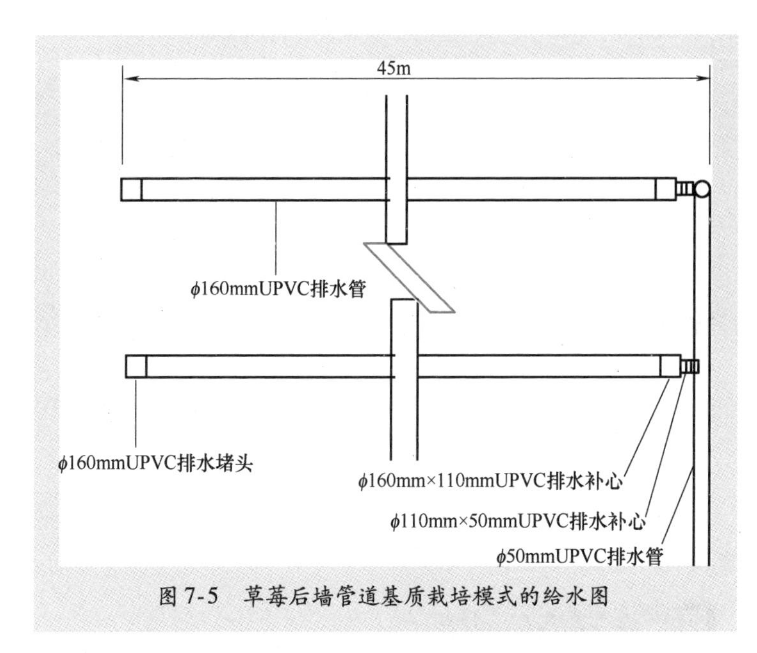

图 7-5　草莓后墙管道基质栽培模式的给水图

（3）基质组成　草炭、蛭石、珍珠岩的体积比为 2∶1∶1。草炭绒长不小于 0.3cm，珍珠岩粒径不小于 0.3cm，蛭石粒径不小于 0.1cm。三种材料均匀混合好，要求填装紧实，略高于管道截面。

（4）滴灌系统　主管为直径 32mm 的 PVC 管，滴管采用滴距为 15cm 的滴灌带。

2. 优势

后墙管道栽培不仅不会影响墙体的坚固度，而且对墙体还能起到一定的保护作用，有效地利用了空间，节约了土地，实现了单位面积上更大的产出比。后墙管道的采光条件较好，可充分利用太阳光，有利于草莓植株的生长和果实品质的提高。

三　A 形高架基质栽培模式

A 形高架基质栽培所使用的栽培架的主体框架为钢结构，左右两侧栽培架各安装 3～4 排栽培槽，层间距为 57cm，栽培架宽为 1.2m 左右；栽培槽一般用 PVC 材料制作，直径为 25cm；立架南北向放置，各排栽培架的间距为 70cm（见彩图 43）。具体如图 7-6

所示。

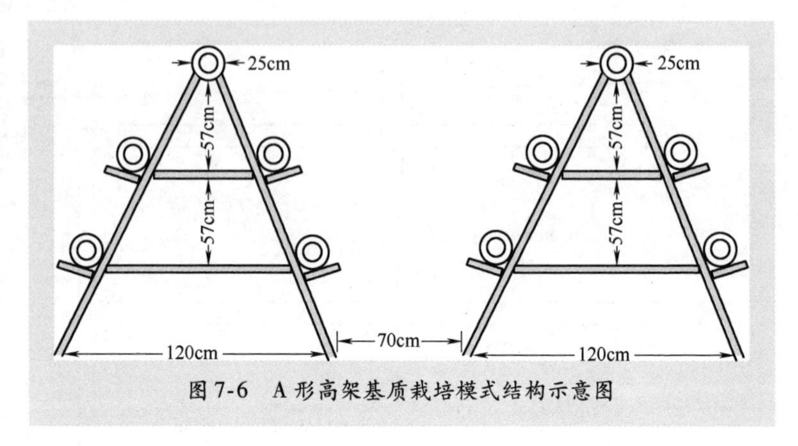

图 7-6　A 形高架基质栽培模式结构示意图

该栽培模式大大减轻了劳动强度。单位面积栽培的草莓数量是平地栽培的2倍，产量比原来提高1.6倍。

四　可调节式基质栽培模式

可调节式基质栽培模式是将宽10cm、深10cm左右的塑料膜栽培槽悬吊于空中，草莓单行种植。平时栽培槽可紧密排列，当需要进行行间操作时，可电动控制以调整栽培槽的悬吊高度与间距，如图7-7所示。

图 7-7　可调节式基质栽培模式

该种栽培模式的优点是栽培槽下方空间大，可进行育苗等其他作业，充分利用温室空间。

五 柱式栽培模式

柱式栽培模式的栽培柱采用比较轻便的PVC管材，在管的四周按螺旋位置开种植孔，上端用滴箭供给营养液（见彩图44），充分利用了温室上层空间，展示效果美观。

第三节 半基质栽培模式

草莓产业的发展一直都是在实践中不断创新，在创新中不断发展的过程。草莓半基质栽培模式就是针对传统土栽和基质栽培中出现的问题提出解决办法，在实践中创新出的新型草莓栽培模式。自2012年开始，路河草莓创新工作室就开始探索草莓半基质栽培模式（见彩图45），经过3年不断地试验、完善，于2016年获批国家新型专利，并将其纳入北京市昌平区政府补贴范围，开始进入全面推广阶段。通过新型半基质栽培模式的推广，使草莓的产量和品质得以进一步提升，保障了草莓产业的健康稳定发展。

草莓半基质栽培模式是在原有基质栽培技术的基础上进行改进，将原有基质栽培与地栽的优点相结合，将土壤与基质的优点充分挖掘而来。该种栽培模式呈梯形，下部将土壤回填成三角形，上部铺设基质。

一 操作规程

半基质栽培模式呈梯形，下底宽60cm，上底宽40cm，地上部高35cm，长度根据每个大棚的实际情况而定，种植户一般选择7～7.5m。400m^{2}标准温室原则上建45～50个栽培槽（见彩图46）。具体如图7-8所示。

1. 板材加工

温室地面要求平整。栽培槽使用的材料为硅酸钙板，规格为宽1.22m、长2.44m、厚0.8～1.0cm。将原材（硅酸钙板）整版进行加工，加工栽培槽的两侧挡板，宽40cm左右、长2.44m；加工栽培槽的两端堵板，上底40cm、下底60cm、高40cm。

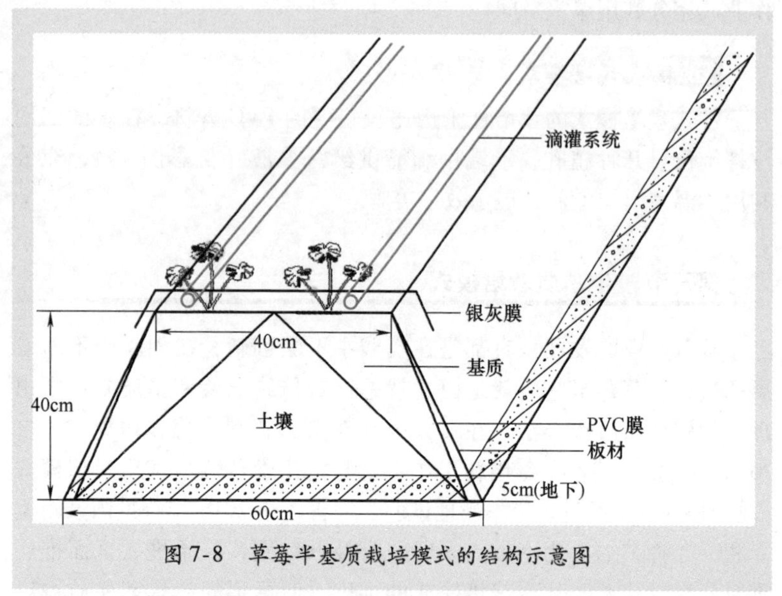

图 7-8　草莓半基质栽培模式的结构示意图

【提示】在对板材进行加工时，要预先将堵板和两侧板材连接的孔打好。所有打孔均在距板材边缘 3cm 处，以防板材破裂。

2. 栽培槽的安装

栽培槽为南北搭建，根据棚内实际跨度确定长度。栽培槽地下掩埋 5cm，地上留 35cm。栽培槽两侧与两端等腰梯形上底持平，完成栽培槽的搭建。

根据实际打垄数量画线，在垄与垄间过道处挖深度为 25cm 的沟放置栽培槽，之后将过道向下挖 20cm，将所有土壤回填到栽培槽。板材地下要掩埋 5cm，要填土压实，否则浇水后容易漏水。

在实践生产中，广大种植户逐渐摸索出一种便捷的固定栽培槽方法。用一块长为 60cm 左右的木板，在木板两侧做切口，使其和栽培槽形状契合。两个近端切口宽度为 0.4m，切口长 3～5cm，能固定栽培槽即可。在安装栽培槽时，将切口卡在两侧板材边缘，多块木板同时固定，不但可以固定板材，而且可以精准掌握栽培槽上部的宽度，使安装好的栽培槽更加标准统一，具体如图 7-9 所示。

图 7-9 栽培槽固定口

两侧挡板若出现小块拼接，拼接的小块板材应固定在靠近堵板的地方，可以适当减轻压力，防止板材损坏。堵板要在两块侧板之间，即在两块板内侧，这样可撑起两侧挡板，起到支撑的作用，防止两侧挡板倒塌。

对于栽培槽的形状固定，可以用钢筋弯成 U 形卡住两侧板材进行固定，防止栽培槽因后期不断浇水施肥而膨胀撑裂。

3. 铺设内膜，回填土壤

整个栽培槽搭建完成后，槽内部四周贴一层厚度为 0.08 ~ 0.12mm 的 PVC 膜，要求覆盖整齐，没有脱落、破损等情况。在回填土壤时要求为三角形。

槽内部附着的内膜，可用棚膜代替，但不要使用过软的地膜，否则容易贴在板材上，长时间会起绿苔，影响板材寿命（见彩图 47）。

回填土壤为三角形，栽培槽内土量不要太少，土量至少达到 2/3，上部基质应占 1/3。土量太少，基质的使用量就会增多，不但会提高栽培成本，还会影响半基质栽培的效果。

4. 填装基质

基质填充紧实并略高于栽培槽，同时保持栽培槽整体完整，没

有变形、开裂等情况。基质组成为草炭、蛭石、珍珠岩以体积比为2:1:1混合。在填装基质时与草莓H形高架基质栽培模式的注意事项一致，混合基质时加入细沙，灌水增湿，适当加入有机肥。在种植前一定要将基质充分清洗一遍，基质渗出液以不混浊为宜。对于多次使用的基质，适量加入珍珠岩，填装时基质要呈馒头状。

草莓定植缓苗后采用0.012mm银黑地膜覆盖畦面。栽培槽之间的空地用地膜覆盖以降低湿度。

> **【注意】** 基质沉降要完全。基质填装完毕后，喷灌洒水，使基质完全湿透，一般需浇水2～3次。待基质完全沉降后，若沉降量过大，低于畦面，应根据沉降量及时补充基质，再次浇水，使基质湿透沉降。如此反复，直至基质完全沉降后与畦面平行或略高于畦面。

5. 滴灌系统安装

配备500L的塑料施肥桶，配有单独的水泵。主管为直径32mm的PVC管，滴管采用滴距为15cm的滴灌带，要求每槽2条。

二 优势

半基质栽培模式，上层用的是基质，可以在每年种植季结束后，通过基质的清洗和消毒等步骤，有效地解决土壤连作障碍，减轻土传病害的发生。

（1）保水、保肥、保温性提高 采用半基质栽培模式，在上层基质保证通透性的同时，下层土壤可以起到很好的蓄水保肥作用，而且土壤缓冲能力强，所以根系温度也不会变化太剧烈，可以保温还能稳定根系，有利于草莓的生长。

（2）改善微量元素供给 因为土壤中含有大量的营养元素及一些微生物，在生产过程中利用土壤的以上优点，可以有效地改善微量元素供给存在的问题。

（3）提升产量、品质、经济效益 相较于传统土栽模式，该模式优果率可提高15%，产量提高20%，上市时间提前7～15天，经济效益提高30%左右。

（4）减少劳动量、降低成本 采用硅酸钙板材，栽培槽可以反复使用5年以上，避免每年重新做畦，极大地减轻劳动强度。可以将原有土壤进行栽培槽用土回填，减少了基质的使用量，降低了投入成本。

（5）外形美观、采摘体验好 传统的草莓畦容易塌陷变形，半基质栽培采用硅酸钙板，外观笔直结实，美观实用，环境干净，采摘体验好。

三 日常管理

在日光温室促成栽培中采用半基质栽培技术，相较于传统土栽，其缓苗速度快，畸形果率低，产量高。半基质栽培的植株生长旺盛，在种苗选择上建议选择裸根苗，防止使用基质苗导致徒长。

虽然半基质栽培，上半部分为基质容易缺水，但是由于下半部分是土壤，保水性好，浇水频率相较于高架基质栽培可以适当减少，一般为3～5天浇水1次，每亩浇水量为0.5～0.8t。每隔10天随水追施肥料1次，每亩的施用量为1～1.5kg。其他生产管理措施与地栽草莓基本一致。

采用半基质栽培，处理不当容易发生折茎的情况。折茎生长的草莓硬度偏软，糖度相对降低0.5%～2.4%，并且果实颜色暗红且没有光泽，严重影响草莓的口感和品质。折茎后，减少了草莓对养分的吸收“渠道”，使养分不能充分保证草莓的正常生长。在生产上可以通过以下措施防折茎：

（1）填装足量基质 定植前多填基质，即使在基质冲洗后也要保证基质上有一定的凸起，这样可以将草莓果实向下的力分解一部分，减小草莓枝条的受力臂。

（2）定植不要太靠外 定植时，尽量不要太靠外，植株与栽培槽边缘保持一定的距离。定植时，植株根部弯曲部位斜向前，与半基质栽培槽边缘成45°角，这样可以减小枝条的受力强度。

（3）板材边缘弧度化 利用旧的滴灌带或旧的PVC管，将其破一条缝，套在硅酸钙板的边缘，增加两侧板材边缘弧度，减轻果实对茎的压力。也可在苗的下方垫上玉米秸秆，既可以支撑果柄，还不影响透水透气性。

(4) 折茎处理 用育苗卡子将枝条别到基质上面，将折了的枝条拉直，以保证养分的运输。

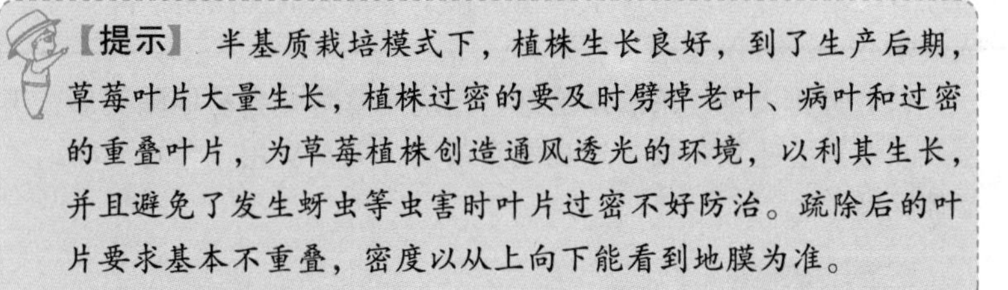

【提示】 半基质栽培模式下，植株生长良好，到了生产后期，草莓叶片大量生长，植株过密的要及时劈掉老叶、病叶和过密的重叠叶片，为草莓植株创造通风透光的环境，以利其生长，并且避免了发生蚜虫等虫害时叶片过密不好防治。疏除后的叶片要求基本不重叠，密度以从上向下能看到地膜为准。

四 半基质栽培消毒

(1) 去上年度的草莓根 用剪子贴着草莓新茎，将地上部剪掉，不要剪得过低，避免过几天拔草莓主根时不好拔；也不要剪得过高，避免草莓还继续生长。

(2) 覆膜浇大水 浇大水后覆膜保持棚温在40℃以上并封棚10天左右，之后拔除基质中的大根即可。小须根均会腐烂，如此能有效地减少劳力，节省成本（见彩图48）。

(3) 基质消毒 将栽培槽中的基质翻倒到垄间，用广谱性杀菌剂搅拌后，用大水冲洗。一方面消毒基质，减少病虫害的发生；另一方面清洗基质中过多的养分，避免造成单盐毒害。

(4) 土壤消毒 将栽培槽的土壤翻倒，阳光暴晒3天。由于草莓根系生长在基质中，因此半基质栽培模式中对土壤的消毒不严格。

(5) 基质回填 注意基质的用量，由于发酵、消毒等原因基质会消耗一部分，因此基质回填时要根据基质的现有量加以补充；注意基质颗粒的大小，基质在使用过程中易造成颗粒磨损，导致基质过细，因此基质回填过程中要根据基质磨损情况适当加入草炭或珍珠岩，以增加基质的透气性。

【注意】 消毒完成后，在进行基质的回填时不要向半基质槽内添加化肥，可以加入少量有机肥，一方面因为化肥会在定植浇水时淋溶，造成浪费；另一方面，如果淋溶不充分的话，过多的肥料会影响草莓种苗根系的生长，不利于缓苗。

小技巧

不同栽培年限基质的消毒方法：

1）栽培年限为1年的，在基质表面均匀地撒硫黄粉、五福或根泰，不浇水，用白色地膜盖严。靠水蒸气凝结到薄膜上的水，使药剂均匀下渗。覆盖到定植前15～20天，去掉白色地膜，翻倒基质，避免基质过实。

2）栽培年限为2年的，把基质铲出来，推到前棚脚，用水淋洗基质。然后在表面均匀地撒硫黄粉、五福或根泰，再用白色地膜覆盖15～20天，去掉白色地膜，然后将基质回填，基质不够的要补充。基质槽下的土壤不用动，给回填后的基质浇水时要用喷头，不要用滴灌，干燥的基质采用滴灌无法完全渗透，用喷头浇透后再改用滴灌浇水。

3）栽培年限在3年以上的，把基质清出来堆放在前棚脚，用高锰酸钾溶液喷淋基质，然后用白色地膜闷5～6天后回填。在清出基质后，将五福或根泰均匀混合，然后浇在里边的土壤上，用白色地膜覆盖进行高温消毒。

第四节　温室其他栽培技术

温室草莓栽培技术主要包括促成栽培技术、半促成栽培技术和超促成栽培技术。

一　草莓半促成栽培技术

草莓半促成栽培技术是利用保温设施，在草莓通过秋冬两季的自然低温条件下自然休眠，达到需冷量以后进行保温以促进植株开花结果的一种栽培方式。

1. 采收期

采收期为1月中旬～5月中下旬。与促成栽培相比，半促成栽培的草莓生长发育期相对较短，病虫害发生较少，管理比较容易。

2. 品种选择

在北方，应选择休眠期长、需冷量较高、耐寒性较强且果个大、坐果率高、丰产优质、耐储运的品种，如达赛莱可特、全明星等。

3. 扣棚保温

在北方地区，只要在满足草莓自然休眠所需的低温量时，就可以扣棚保温。一般在12月初进行扣棚保温。

4. 赤霉素处理

在草莓半促成栽培中，施用赤霉素可以加快打破植株休眠，进而促进开花结果。

赤霉素的处理时期是升温后植株开始生长时。浓度为5～10mg/L，较促成栽培浓度稍大，但因品种而异。在喷施时，要点到草莓芯上，但不要喷在叶片上。

喷施时间最好避开高温时间，喷后把室温控制在22～25℃，如此效果更好。

二 草莓超促成栽培技术

草莓超促成栽培技术是指草莓经过露地或冷藏处理后，已经完全满足草莓的需冷量，在草莓定植后植株的生殖生长和营养生长同时进行，即一边长叶，一边开花，从而实现草莓周年生产的一种栽培技术。在该栽培技术下，从种植到采收一般需要50～60天。在国外，草莓超促成栽培技术已经成熟，并得到广泛推广和应用。

1. 品种选择

对于草莓的熟性而言，极早熟品种入库前花芽分化程度太深，低温易对花芽造成伤害；晚熟品种花芽分化程度浅，定植后高温长日照的条件使得植株营养生长过盛，花芽分化逆转为腋芽分化，降低产量，甚至造成不开花结果。因此，应选择中早熟、休眠期长的耐热抗病品种。

目前，生产中阿尔比、温塔娜、卡米诺斯、卡麦罗莎等品种都较适合草莓超促成栽培技术。其共同特点是抗病性强、生长旺盛、耐寒性好、花粉多而生命能力强、果实大小整齐、畸形果少、产量高、品质好。

2. 技术措施

（1）土壤准备 土壤进行旋耕，平整土地，底肥少施或不施。采用超促成栽培定植的草莓畦与促成栽培一样，多采用高垄（畦）栽培，提高地温，增强通风透光性，促进草莓生长。畦面宽40cm左右，畦底宽60cm，高应该在30～35cm，畦距90～100cm，沟宽约40cm。

（2）种苗准备 从冷库里取完苗以后，不宜直接进行定植。应该先用流动的凉水进行冲洗，让种苗逐渐适应外界环境，之后进行种苗的分级修剪工作。

（3）定植 超促成栽培的定植时间根据上市时间和外界环境情况而定。定植后用遮阳网进行遮阴，缓苗完成后可去除遮阳网。

3. 日常管理

缓苗期要及时浇水，保证土壤湿润，每天喷水2～3次，有利于成活。缓苗完成后，一般需要7～10天浇水1次；由于草莓植株定植时根系较弱，因此，定植后不要急于施肥，等到成活的茎叶开始生长时再追施肥料。追施肥料主要以叶面喷施全元素肥料为主，保证植株的养分供应，促使其开花结果。由于之后草莓植株生长旺盛，只能保留1～2个侧芽。在温度管理上，夏季注意遮阳降温，冬季注意适当保温，保持植株正常生长即可。

第八章 草莓常见病虫害及其防治

病虫害管理是草莓栽培过程中的重要环节。从经济角度出发，适时适度的植保措施能培育壮苗，确保草莓的产量及品质在经济阈值允许的范围内，避免病虫害大规模流行而造成巨大经济损失；从成本角度出发，及时有效的病虫害管理措施，能节约劳动力，减少药剂投入，从而有效地降低草莓生产成本；从生态角度出发，正确的病虫害处理方式，能降低药剂的使用剂量，避免药剂残留，确保鲜食草莓的质量安全，同时能有效地避免药剂对土壤、水源的污染，从长远意义上为草莓产业的可持续发展奠定了基础。

一般草莓病虫害根据发生原因的不同可以分为3类：

1）非侵染性病害，又称生理性病害，是由不良环境条件引起的。一般引发非侵染性病害的因素有光照、温度、湿度、水分、有害气体、肥料等。该病害表现为没有传染性，没有明显的发病中心，一般发病面积较大。

2）侵染性病害，又称传染性病害，主要是由病源物造成的。一般引发侵染性病害的因素有真菌、细菌、病毒、线虫、寄生性种子植物等。该病害表现为不同程度的传染性，有明显的发病中心，初期发病面积较小，后期逐步扩大。

3）虫害是指有害昆虫对植物生长造成的伤害，表现为有传染性，有明显的发病中心。

第一节 生理性病害

草莓种植过程中常见的生理性病害主要有缺铁症、缺钙症、缺硼症及缺锌症。

一 缺铁症

铁是草莓生长过程中必不可少的一种微量元素，虽然需求量少，但作用显著。铁元素参与叶绿素分子的合成，影响光合作用；参与某些呼吸酶的活化，影响呼吸作用；参与植物体内氧化还原过程，起电子传递作用；可以影响草莓果品的产量，特别是对单果重有显著影响；可以改善果品品质，对色泽、糖度、维生素 C 的含量等均有不同程度的影响。

铁元素属于不可再利用元素，元素分配后即被固定，因此，缺铁症首先表现在幼嫩的组织器官。

【症状识别】 缺铁症会危害整个草莓植株，但缺素症状以叶片表现最为明显。叶片受害后，发病初期幼叶失绿，叶片黄化呈斑驳状（见彩图 49）；发病中期黄化加重，仅叶脉为绿色，随着缺铁程度的增加，叶缘变褐干枯，一般从叶尖向下扩展（见彩图 50）；严重时新长出的小叶白化，叶缘变褐干枯加重，出现坏死斑，严重时叶片死亡（见彩图 51）。

【发病原因】 铁元素的吸收是通过根系周围土壤中的离子交换进行的，因此土壤状况、根系生长及活性均可影响其吸收和利用。造成缺铁症的因素一般有以下 4 个方面：土壤中铁元素缺乏，导致吸收率低；石灰质等碱性土壤中铁元素易被固定，难以直接吸收利用；土壤过干或过湿，降低根系活力，导致根系的吸收能力下降；温度过低造成蒸腾作用减弱和根系活性下降，影响铁元素的吸收。

【防治措施】

1）测土施肥，检测土壤中有效铁元素的含量，若铁元素的含量低于 5mg/kg，土壤缺铁，可每亩及时补充硫酸亚铁 3 ~ 5kg，同时增施有机肥，改善土壤的理化性质，增加土壤中铁元素的含量，从根本上解决铁元素的缺乏。

2）避免与磷肥同时使用，以免磷元素过多抑制铁元素吸收。

3）调节土壤的酸碱度。pH 过高，铁元素易被固定，影响其吸收，易造成缺铁症。可用磷酸、柠檬酸或硫酸亚铁进行调酸。

4）合理浇水，改善根系吸收环境，避免水分含量过高或过低。

5）加强中耕，提升地温，促进草莓根系生长，提升铁元素的吸收率。

6）缺铁严重时，可叶面追施0.2%有机螯合铁或硫酸亚铁溶液2~3次。在草莓生长期，缺铁症主要发生在果期，要特别注意及时补充铁元素。叶面追施时尽量选择晴天上午，此时温度适宜，叶片气孔开合度大，有利于肥料的吸收。

二 缺钙症

钙元素是草莓生长过程中重要的中微量元素，对种苗各生长阶段均有不同程度的影响。钙元素能促进根毛形成和根系生长；能增强果实硬度，使其保持美观，增加耐储性；能促进芳香物质的生成，改善果实风味；能活化植物中多种酶，调节细胞代谢。

【症状识别】 缺钙症会危害草莓根系、叶片、芽、花器及果实。草莓植株根系缺钙，根尖生长受阻，根短粗、色暗。叶片缺钙首先在新叶中表现出来，典型的症状是叶焦病。发病初期，新叶顶端失水皱缩，老叶叶缘褪色黄化，从顶端开始皱缩（见彩图52）；发病中期，叶尖变褐干枯，叶面皱缩，干枯部位与正常叶片交界处有浅绿色或黄色界限（见彩图53）；发病后期，叶片全部皱缩，不能展开。芽缺钙后，新芽顶端干枯呈黑褐色，发病初期易与芽枯萎病混淆。

缺钙症容易在花期及膨果期发生。花期症状为花萼焦枯失水，花蕾变褐。膨果期的症状为幼果不膨大、着色慢，严重时幼果变褐干枯，最终形成僵果。膨果期若发现缺钙，需要及时补充钙剂，否则会导致草莓果小、籽多、顶部烧焦（见彩图54），同时伴有果实发软，耐储性差等，严重影响草莓的商品性。

【发病原因】 钙元素的主要来源是土壤中的碳酸盐与磷酸盐，土壤性质、根系环境等均能影响其吸收率，从而导致钙元素的缺失。酸性土壤中钙元素容易被固定，难以吸收利用；砂质土壤易发生淋溶，导致根系周围钙元素的缺失；土壤干燥或土壤溶液浓度高时也会影响其吸收；温度过高或过低会导致叶片上的气孔关闭，降低蒸腾作用，从而减少对钙的吸收；氮、钾元素含量过高易与钙离子产生颉颃作用，抑制其吸收。除此以外，大水漫灌、施肥过量等管理不当会加重缺钙症的发生。

【防治措施】

1）增施腐殖质含量高的有机肥，加强土壤的透气性，改变根系的吸收环境。

2）草莓在整地施肥过程中每亩加入过磷酸钙20～40kg。

3）均衡施肥，避免过量施用氮肥；适当保持土壤的含水量。

4）适当喷施叶面肥，可用0.1%～0.2%硝酸钙或糖醇钙进行叶面喷施。

小技巧

草莓芽枯萎病又称立枯病，是草莓栽培过程中常见的病害之一，应正确辨识芽枯萎病与缺钙症的症状，具体见表8-1。

表8-1 芽枯萎病与缺钙症的不同

病害名称	病害种类	发病中心	主要危害部位	危害症状	芽危害
缺钙症	生理性病害	无明显发病中心	根系、叶片、芽、花器及果实	根系：根短粗、色暗 叶片：不同程度皱缩 花器：褐变干枯 果实：产生暗褐色不规则病斑，严重时干腐	初期：嫩芽顶端失水皱缩 后期：褐变干枯是从嫩芽顶端发生并逐步向下扩展的
芽枯萎病	真菌性病害	有明显发病中心	新芽、花蕾、托叶及叶柄基部	根系：腐烂 茎部：凹陷，产生黄色或浅褐色菌丝体 叶片：腐败 花器：花序青枯 果实：变软	初期：嫩芽逐渐萎蔫，呈青枯状或猝倒 后期：整个芽褐变干枯

三 缺硼症

硼作为一种重要的微量元素在草莓生长过程中作用显著。硼元素能影响细胞的分裂、分化和成熟，特别是对生殖器官的发育，其能刺激花粉萌发，促进其正常发育；促进碳水化合物运输，有利于养分向花器及果实传递，提升授粉及结实率，改善果实品质；参与生长素类激素的代谢，影响草莓的生长、发育及衰老；硼元素对光合作用也有一定的影响。

【症状识别】 缺硼症会危害草莓叶片、花器及果实，由于硼元素是不可再利用元素，缺素首先表现在新叶上，发病初期新叶叶缘黄化，生长点受损，导致叶片皱缩、焦枯；随着危害程度的增加，老叶叶脉范围失绿，严重时整个叶片上卷（见彩图55）。

除了叶片以外，硼元素对花器的危害也十分严重，主要表现为花小、品质下降、不能正常发育及授粉、结实率低等，影响果实生长发育，导致畸形果增多。对果实危害主要表现为果实畸形或呈瘤状，果皮龟裂、果小、种子多、木栓化，果品品质差，失去商品价值。

【发病原因】 硼元素主要是通过草莓根系在土壤中吸收获得，因此土壤状况、根系生长发育等因素均能影响其吸收利用。一般造成缺硼的主要原因如下：由于有机肥施用过少，导致土壤本身硼的含量少，或者由于土壤酸化，引起微量元素淋失严重，导致土壤中硼元素大量流失；氮肥施用量过大抑制硼元素吸收；土壤状况不良，过湿或过干，或者土温不适宜，降低草莓根系活力，从而影响硼元素吸收；硼在植物体内移动性较差，当植物快速生长时，也会造成局部缺硼。

【防治措施】

1）增施有机肥料，改善土壤营养状况，创造适宜的条件促进硼元素吸收。

2）适时浇水，提高土壤中可溶性硼的含量，促进草莓吸收。

3）缺硼严重时，可叶面喷施0.1%~0.2%硼砂溶液2~3次。由于硼砂很难直接被吸收，可适当增施0.1%尿素溶液，以提升硼的吸收率。应选择在晴天上午喷施，以免温度过高，水分蒸腾过快，导致肥料浓度增高，产生肥害。

小技巧

造成草莓落花和落果的因素很多，正确判断造成的原因有利于及时调整栽培措施，改善现状，提升开花率和坐果率。

1）温度过高或过低都会导致花器缺陷，从而引起落花和落果。草莓栽培过程中温度低于3℃时，雌蕊和柱头就会发生冻害；温度高于40℃时会产生高温热害。防治措施：合理控制温度，遇骤然升温或降温情况，及时做好防护措施，以免因温差过大导致落花和落果。

2）植株徒长。花期徒长能改变养分的供给状况，导致花器养分不足，产生落花和落果。防治措施：控制氮肥的用量，增施磷钾肥。氮肥主要是促进植株生长，而磷钾肥能促进花芽分化、开花结实，因此花期需及时补充磷钾肥。还可适当降低温度来改善植株生长平衡，一般温度略高能促进植株生长，适当低温能促进花芽分化，因此合理调整温度也是防止落花和落果的重要手段。

3）土壤或空气湿度不当。土壤湿度过大易导致植株徒长；湿度过小易导致干旱，促进离层产生，导致落花和落果。防治措施：合理控制水分，不同栽培模式的浇水频率不同，一般传统地栽5～7天浇水1次，基质栽培3天浇水1次，半基质栽培3～5天浇水1次。浇水频率需根据天气状况及不同生长阶段适当调整。空气湿度过高易产生病害，同时棚膜滴水也会导致落花和落果。防治措施：及时通风散湿，调整温室内湿度。

四 缺锌症

锌元素能参与光合作用、呼吸作用及碳水化合物的合成与运转；参与植物繁殖器官的发育，可增加花芽数，提高单果重和产量；对某些酶有一定的活化作用，参与生长素的形成；能提高草莓的抗寒

性和耐盐性。

【症状识别】 缺锌症俗称小叶病，主要危害叶片。发病初期：老叶变窄，随危害程度增加，窄叶部分伸长，之后新叶黄化，叶脉微红，老叶发红且叶缘有明显锯齿状。

【发病原因】 造成缺锌的原因多种多样，但主要归结为以下几个方面：沙土、盐碱地及被淋洗的酸性土壤，易导致缺锌；地下水位过高的土壤，也易导致缺锌；土壤中有机物和水分含量过少，是导致缺锌的重要因素；氮、磷肥施用过多，抑制了锌元素的吸收；铜、镍等元素不平衡。

【防治措施】

1）增施有机肥，改良土壤。

2）叶面喷施0.05%~0.1%硫酸锌溶液2~3次。

小技巧

缺锌症和缺铁症均是草莓常见的生理性病害，其主要病征都是由于缺素引起的不同程度的黄化，因此两者的有效辨识对于及时防治来说十分重要（见表8-2）。

表8-2 缺锌症和缺铁症症状的区别

病害名称	叶片形状变化	叶脉变化	叶缘变化
缺锌症	叶片变小、变窄	新叶叶脉褪绿呈微红色	叶缘呈明显锯齿状
缺铁症	无明显变化	脉间叶肉褪绿，新叶叶脉黄化	叶缘褐变干枯

第二节 侵染性病害

一 白粉病

白粉病是草莓栽培过程中常见的病害之一，在整个生长季均可发生，危害严重，因此白粉病的防治必须放在十分重要的位置上。由于草莓是鲜食水果，其果实成熟期防治白粉病，必须考虑食品安全问题。

【发病特点】 白粉病是高温病害，发病适宜温度为15～25℃；分生孢子发生和侵染适宜温度为20℃左右，一般低于5℃或高于35℃均不发病。空气相对湿度在80%以上时发病较重，但过分干旱有时也容易发生病害。草莓白粉病病菌为专性寄生菌，病菌在草莓植株上全年寄生，条件适宜时即可发病。

【症状识别】 白粉病主要为害叶片、叶柄、花器、果实、果柄。发病初期，叶背面出现白色丝状菌丝，此后形成白粉；发病中期，随着病菌的进一步侵害，病部形成灰白色的粉状微尘，叶片向上卷曲呈汤匙状，形成叶片蜡质层；发病后期，叶片背面覆盖着白色霉层（见彩图56）。

进入生殖生长阶段后，花器及果实也是白粉病为害的主要器官。花器受害表现为花瓣呈粉红色，花蕾不能开放。幼果期受害后，果实停止发育，不能正常膨大，形成白色霉层，果实干枯、硬化，形成僵果；成熟果实受害后，果实表层有大量白粉、着色差并硬化，失去商品价值，严重时果实腐烂（见彩图57）。

【发病原因】 造成白粉病发生的原因有很多，主要有以下几个方面：栽培密度过大，通风透光性差，导致植株长势弱；水分不合理，导致高温干旱与高温高湿交替；氮肥施用过多，草莓种苗长势过旺，导致田间遮阴，湿度增大；除此之外，品种抗病性差、连作障碍、温室结构不合理、管理粗放也会导致白粉病的发生。

【传播途径及侵染过程】 日光温室草莓生产多采用促成式栽培，白粉病菌不经过越冬，由于病菌具有专性寄生性，能在草莓植株上全年寄生，因此当环境适宜时产生分生孢子，即可成为初侵染源，一旦环境条件适宜，白粉病侵染速度很快。

叶片侵染过程：一般病菌的孢子接触健康叶片24h后，病菌就可萌发；5天后，病菌在侵染叶片上形成白色粉状病斑；7天后，病菌的分生孢子成熟，可再次侵染；10天后，病源周围快速感染；若无有效防治措施，一般14天后病害大规模流行。

【防治措施】 白粉病共有3个高发期，第1个阶段是9月中旬～10月上旬，由于扣棚模后，温度、湿度升高，形成白粉病发病

的第1个高峰。第2个阶段是12月~次年2月，北方地区在冬季日照时间短、光照弱、湿度大、温度低，形成白粉病的第2个高发期。第3个阶段发生在次年3月，这段时间天气较为干燥，草莓白粉病进入活跃期。草莓白粉病的防治应以预防为主，综合防治的措施，安全使用药剂防治等，从而减少草莓白粉病的发生。

（1）农业防治

1）选择抗病品种，培育健壮、无菌的草莓种苗，控制白粉病的发生。

2）合理肥水管理，控制氮肥用量，增施磷肥，培育壮苗。

3）合理密植，保持田间的通风透光性。

4）加强日常管理，及时摘除老叶、病叶，病残体必须带到室外集中销毁，清洁田园，增加温室草莓的通风透光性。

（2）物理防治

1）可通过调节风口、铺设地膜等农艺措施，调节棚室内的温度和湿度，创造不利于病害发生的田间小环境。

2）针对白粉病病菌所需的温度条件，结合绿色防控，采用高温闷棚杀菌。

（3）微生物杀菌剂防治 微生物杀菌剂作为新型防治药剂，具有无药害、无残留等优势，适用于无公害农产品的生产。可叶面喷施依天得800~1500倍液，每14天防治1次。

（4）化学防治 若白粉病已经发生，可用30%醚菌酯·啶酰菌胺悬浮剂1000~2000倍液、12.5%烯唑醇可湿性粉剂1500~2000倍液或寡雄腐霉可湿性粉剂（100万个孢子/g）7000~8000倍液等药剂进行叶面喷施，7天左右防治1次。

上膜后还可采用硫黄熏蒸进行防治，硫黄罐离地面1.5m高，硫黄粉放20g，于晚上放下保温被后，密闭棚室，每天熏蒸4h，隔天熏蒸1次，连续熏蒸10次。

花期和果期是白粉病防治的敏感时期，除可采用硫黄熏蒸防治外，还可使用烟剂进行熏蒸。烟剂具有扩散性好、降低温室湿度、不直接接触草莓、兼具预防和治疗等多种优点。可选用45%百菌清烟剂，每亩使用8~10枚，间隔7~10天使用1次，连用3~4次。

小技巧

（1）白粉病防治药剂喷施的注意事项　掌握日光温室中白粉病高发的位置，有利于集中观察并发现病害，同时第一时间做出应对措施，减少病害造成的损失。

1）在防治白粉病的过程中一定要加入有机硅等展着剂来增加药效。

2）温室距后墙2m处白粉病发病最重，前棚脚靠近棚膜1m次之。所以，对于白粉病发生较重的，应整个温室喷药，过道、后墙、山墙都喷到。

3）喷药均匀，保证草莓植株全部着药。

4）喷药要避开高温时段。

（2）使用烟剂防治白粉病的注意事项

1）烟剂不能和杀虫剂、杀菌剂混用，否则会产生一氧化硫、一氧化碳中毒。

2）蜜蜂搬出温室，避免受害；一般使用杀菌剂1天后可将蜜蜂搬回，使用杀虫剂7天后蜜蜂才可搬回。

3）风口密封，不能外溢，并且烟剂需要从里向外摆放。

4）烟剂摆放要避开草莓和易燃品，点燃后需及时退出温室，关闭温室。

5）烟剂一般傍晚使用，有利于药剂在植株上附着。

6）使用时最好温度在12℃以下，以免引起药害。

7）使用烟剂后8~12h要通风换气，及时排除有害物质，不能长时间密闭。

8）烟剂会影响草莓的风味，为确保食品安全，使用烟剂3天内不采摘果实。

（3）巧用高温闷棚绿色防控白粉病　高温闷棚防治白粉病是一项有效的生态型农业防治技术。使用该技术时，一定要控制好温度，若闷棚温度不够则达不到杀菌效果；若温度过高、控温不当，会导致草莓烧苗而造成经济损失。高温闷棚的具体

措施如下：

1）高温闷棚前摘除草莓成熟果实，以免高温导致果实变软，严重时导致烂果。

2）早上提前浇水，以免草莓种苗在高温闷棚期间失水萎蔫。

3）浇水后温室通风10min，之后开始密闭棚室升温，当温度上升到38℃时调节风口，保持温度在35～38℃，注意温度不能超过40℃。若温度高于40℃，防治白粉病的效果理想，但对草莓危害较大，超过经济允许损害水平。一般高温时间控制在2h左右，之后逐渐降温，恢复正常管理。白粉病要通过3～4天间歇性高温的方式来防治。

（4）白粉病、缺水、高温日灼均能引起叶片打卷，其症状区别方法如下：

1）白粉病：发病中期形成灰白色的粉状微尘，叶片向上卷曲呈汤匙状，形成叶片蜡质层。

2）缺水：轻度缺水能引起叶片打卷，叶缘能观察到白色绒毛，随着缺水程度加强，叶片打卷严重且白色绒毛明显，严重时叶色加深，叶片表面有白色绒毛层。

3）高温日灼：危害初期，新叶向上卷曲呈汤匙状，随着危害程度加强，叶缘呈褐色或黑褐色且干枯坏死，并且干枯由叶缘向中心扩展。

二 灰霉病

灰霉病是草莓栽培过程中的重要病害，一般发生在生殖生长阶段，对花器及果实的危害较大，常造成花器及果实的腐烂，对草莓的产量及品质影响巨大。

【症状识别】 灰霉病主要为害叶片、花器、果实，也可侵染叶柄、果柄。叶片发病初期，老叶形成“V”字形黄褐色病斑，随着病害加重，叶片焦枯死亡。

花器侵染一般先从萼片基部开始，先是萼片及花托有红色斑块，花不能正常生长，形成粉色无效花；此后花瓣变成暗褐色，花药呈水浸状，花器变褐干枯，严重时产生浓密的灰色霉层。

果实侵染一般从花器开始，先是柱头被侵染，进而影响果实的生长发育；幼果主要是果柄、果面被侵染，严重时变褐干枯，形成僵果；成熟果实发病初期，果实呈水渍状，之后颜色加深，果实腐烂，表面产生浓密的灰色霉层（见彩图58）。

叶柄、果柄被侵染时，首先局部变红，后变红部位出现浅褐色坏死干缩，严重时叶柄可产生稀疏的灰霉；而果柄病斑可通过萼片蔓延到果实，严重时果柄枯死。

【发病特点】 灰霉病是典型的低温高湿病害，其病原菌适应性强，温度为0～35℃、相对湿度在80%以上均可发病；主要以菌丝、菌核在病残体上或土壤中越冬，其耐低温能力强，次年温度为7～20℃时可产生大量分生孢子进行再侵染；温度为20～25℃、湿度持续在90%以上时易出现灰霉病发病高峰。

【发病原因】 高湿是病害发生与发展的主要因素，一般相对湿度在90%以上或幼苗表面有水时易发病，并且湿度越大发病越严重；栽植密度过大或幼苗徒长，导致通风透光条件差、植株长势弱也是引起灰霉病的重要因素；排水不善而产生积水能加重病害扩散；管理粗放也易引起灰霉病。

【传播途径及侵染过程】 灰霉病主要通过2种方式传播：分生孢子通过气流或雨水传播；病叶、病果接触传播。

【防治措施】 对灰霉病宜采取综合防治方式：

（1）农业防治 在农业防治中选择抗病品种是最经济、最有效的方法；定植前清除病残体及杂草能有效降低病原菌的数量，减少病害发生；采取温室土壤消毒，避免连作障碍及土传病害；栽培过程中需要加强日常管理，培育壮苗，以达到提升草莓种苗抗性的目的；在草莓栽培过程中需要采用高垄滴灌栽培，适宜的栽培模式能降低灰霉病的发病率；合理施肥，适当增加磷钾肥，以提高植株抗性。

（2）物理防治 控制棚内温度及湿度，创造有利于草莓种苗生长却不利于病害发生的田间小环境。一般依靠开闭风口来调整棚内

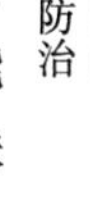

温度，白天温度控制在26～28℃，夜间以6～8℃为宜。降低棚内湿度则可通过覆地膜及浇水后及时排湿来调整。

（3）生物药剂防治 灰霉病发生初期可选用低毒的生物源药剂防治，可选用99%矿物油200倍液喷雾。

（4）化学药剂防治 可选用50%腐霉利可湿性粉剂600～800倍液、50%啶酰菌胺水分散粒剂1300～2000倍液或25%嘧霉胺悬浮剂1200倍液喷雾防治，7天左右防治1次，整个生育期使用3次。

花期、果期预防灰霉病最好选择烟剂。烟剂危害小、残留少、覆盖面积大，同时能降低棚内湿度，起到预防和治疗的双重功效。一般可以选择45%百菌清或10%腐霉利烟剂熏蒸，每亩可选用8～10枚。

三 炭疽病

炭疽病是影响草莓育苗的重要病害，在温室栽培过程中发病较少，主要危害是由于种苗携带炭疽病病菌，在生产中造成死苗严重。

【症状识别】 炭疽病主要为害叶片、叶柄、匍匐茎、花器及果实，育苗阶段主要为害叶片及匍匐茎。

1）叶片的受害症状。发病初期，叶片有紫色斑点，随着危害程度加强，病斑扩大、增多，之后病斑连成片，叶片变褐干枯，严重时叶片干枯死亡。当湿度大时，叶片上可能产生污斑状病斑。

2）匍匐茎及叶柄的受害症状。发病初期，匍匐茎或叶柄的局部产生黑色纺锤形或椭圆形溃疡病斑，并向下凹陷，之后病斑扩大，呈环形圈状，严重时病斑以上部分萎蔫枯死。当湿度大时，病斑上产生粉色霉菌，有时叶柄上会产生污斑状病斑。

3）果实受害症状。发病初期，果实表面产生近圆形病斑，后病斑颜色加重，由浅褐色转至暗褐色，病部呈软腐状、凹陷，果实失去商品价值。

【发病特点】 炭疽病是典型的高温高湿病害，侵染最适温度为28～32℃，相对湿度在90%以上。一般连续阴雨天后骤晴，病害易大规模发生。炭疽病的繁殖及侵染对温度要求很低，一般气温在 15℃以上时，高湿环境下就能产生分生孢子；气温在 19℃时，孢子即可萌发。炭疽病易在 7～8 月的高温季节发病且危害严重。

【发病原因】 炭疽病的发病原因主要有以下几个方面：连作导致土壤中病原菌积累过多，易于发生病害且发病较重；氮肥施用过量也是导致发病的重要因素；种植密度过大，影响田间通风透光，能加重病害的发生及进一步侵染；老叶与残叶多，增加病叶之间的传染机会；连续阴雨天后骤晴易发生病害。

【传播途径及侵染过程】 炭疽病主要通过 2 种方式传播：带菌组织器官之间的传播；分生孢子借助气流或雨水传播。

【防治措施】 炭疽病高发期一般有 2 个，第 1 个发病高峰为 5 月下旬后，此时病菌为害匍匐茎或近地面幼嫩组织；第 2 个发病高峰为 7～8 月，夏季温度较高且雨水充沛，易引起病害的发生及流行。发生炭疽病后要及时采取相应的防治措施：

（1）农业防治 选用抗病品种是最有效的办法，能从源头遏制炭疽的发生；土壤消毒能避免苗圃地多年连作障碍；合理的繁育密度能保证田间通风、透光，以免草莓种苗郁闭；合理施肥，氮肥不宜过量，增施有机肥和磷钾肥以达到培育壮苗的目的，提升种苗的抗性；使用遮阳网等防晒措施，降低温度；进行合理的水分管理，采用滴灌补水，从而改善田间环境，减缓病害的发生及侵染；加强日常管理，及时清除病残体，减少病原菌种群的数量。

（2）物理防治 草莓育苗阶段有效避雨能切断病害的传播途径，以减轻病害发生，同时避雨还能降低湿度，改善育苗小环境，不利于炭疽病的发生及侵染；其次，加强通风，降低棚内温度及湿度，创造不利于病害发生的环境条件。

（3）化学防治 可选用 40%多·福·溴菌腈可湿性粉剂 400～600 倍液喷雾，或者 25%嘧菌酯 1500 倍液 +75%百菌清 800 倍液或 25%吡唑醚菌酯乳油 1500 倍液 + 有机硅 3000 倍液，7 天左右防治 1 次，整个生育期使用 3 次。

【提示】 夏季雨后骤晴是炭疽病高发时期，主要是由于以下原因：光照强烈，蒸腾拉力迅速增强，而根系温度提升缓慢，根系活力不足，导致其吸收能力难以满足种苗需求，易出现缺水、抗病性下降等情况；雨后田间易形成积水，草莓根系喜湿不耐涝，长时间积水易导致根系缺氧，从而降低其活性；由于雨水滴溅，使土壤中的病原菌大量接触种苗，增加病原菌侵染的风险；田间易形成低温高湿的小环境，易于病害发生及侵染。其防治措施如下：

1）雨后要及时开沟排水，避免因积水导致根系缺氧，造成根系活力下降或腐烂。

2）及时使用遮阳网，防止强光照射，降低种苗的蒸腾作用，缓解根系压力，避免种苗因缺水导致死亡。

3）及时修剪地上枝叶，降低蒸腾拉力，促进根系生长，避免因病叶、残叶、烂叶导致病害发生。修剪枝叶时距地面10～20cm，避免因伤口过低而加重病害侵染。

4）适时进行肥水管理。草莓受淹后，根系活力差，养分吸收能力减弱，易降低种苗的抗性，适时补充肥料能改善养分供给。此时补充肥料以速效肥为主，采用多次少补的原则，一般每亩可选择1～2kg氮磷钾比例为20:20:20＋TE的水溶肥。

四 草莓病毒病

草莓病毒病危害范围广，经常多种病毒联合侵染。北方地区以草莓皱缩病毒病和草莓轻型黄边病毒病为主，联合危害严重。

【症状识别】 草莓皱缩病毒病主要为害叶片、匍匐茎、花器及果实。叶片发病初期，叶脉褪绿，并沿叶脉产生不规则的褪绿斑；随着为害程度加强，叶脉呈透明状，褪绿斑转变为坏死斑；严重时叶片扭曲、皱缩、畸形，同时叶片变小、黄化，叶柄变短，植株整体矮化。匍匐茎受害后表现为繁殖能力下降，匍匐茎数量减少。果实受害后主要的表现是变小、品质下降。

草莓轻型黄边病毒单独侵染草莓时无明显症状，仅植株轻微矮化，但该病毒很少单独发生，与其他病毒复合侵染后，叶片的受害症状表现为叶片黄化、凹陷或叶缘失绿，随着为害程度的加强，叶缘上卷或叶片皱缩扭曲，植株生长势严重减弱，植株矮化，产量和果实的质量严重下降。

【发病原因】 草莓皱缩病毒病引发的原因很多，主要归结为以下几个方面：植株带毒及蚜虫传毒；多年连续栽培易导致品种抗性退化；连作导致土壤中线虫积累过多；高温、干旱环境。

【传播途径及侵染过程】 草莓病毒病是以蚜虫、线虫为主要传播媒体的，在草莓生产上，病毒病的大面积发生主要是由带毒母株繁育造成的。

【防治措施】

（1）农业防治 栽培无病毒草莓种苗是防治病毒病最有效的方式。发现带病植株后应及时拔除、带出温室焚烧处理，避免病毒在田间进一步传播。

（2）控制传播途径 通过控制蚜虫及线虫的种群数量，从而降低病毒病的发生。

（3）物理防治 及时通风透光，使用遮阳设备，合理进行水分管理，改善田间环境，避免高温、干旱，减缓病害的发生及侵染。

（4）化学防治 可选用8%宁南霉素水剂900～1400倍液喷雾防治。

五 红中柱根腐病

【症状识别】 红中柱根腐病发病可分为急性萎蔫型和慢性萎蔫型2种。

1）急性萎蔫型的发病症状主要表现为：叶尖突然萎蔫，不久呈青枯状，引起全株迅速枯死。

2）慢性萎蔫型的发病症状表现为：新茎受害初期，韧皮部产生红褐色或黑褐色小斑点，后病斑逐渐扩大并连成片，最终形成环形黑褐色病斑，侵染整个韧皮部，阻断植株地上部分与地下部分养分和水分的运输（见彩图59）。叶片受害初期，叶缘微卷，叶尖萎蔫；后期叶片颜色加深，呈深绿色，并且萎蔫时间延长，随着危害程度的加强，叶片呈萎蔫后不恢复。

【防治措施】 红中柱根腐病涉及的致病微生物较多，治疗效果

一般不是很理想，所以该病最好的方法就是在整个草莓生产的各环节中做好预防工作，预防为主，综合治理。

（1）红中柱根腐病的预防 红中柱根腐病的预防措施如下：

1）品种选择。在最近几年，红颜草莓因其口感浓郁、外观靓丽、较高的产量和收益等优势，种植面积逐年扩大，但该品种的抗病性相对较弱，为后期生产埋下隐患。因此，在品种上，综合抗病性及口感、颜色和外观等因素，可选择圣诞红、京藏香、京御香、京桃香等品种。

2）育苗环节。在草莓育苗过程中特别要做好草莓红中柱根腐病的防治。在植株整理时，要选择晴天上午，尽量不要一次性制造大量伤口。同时在育苗过程中，在每次大雨过后进行药剂防治，如阿米西达、噁霉灵等药剂交替使用，避免抗药性的产生。

3）起苗环节。在草莓苗出圃之前两三天用阿米西达对整个苗圃进行防治，最好选择在傍晚进行，避开高温期。在人工起苗时尽可能保留较多的草莓须根，为此在育苗上选择沙壤土。在起苗时提前在苗圃中浇水，一方面可使土壤松软利于起苗，同时有利于草莓根系完整。在起苗过程中尽量将起好的草莓苗分级后放在流动的水渠中，散掉草莓植株的田间热，利于草莓种苗运输。

4）运输环节。运输环节尽量不要失水和产生高温，可以在苗箱里加一两个冻成冰的矿泉水瓶，瓶子周围用纸或草简单包裹一下，不要让苗直接与冰瓶接触。

5）种苗存放环节。种苗在存放时要背风避光，地面洒水，上面覆盖湿棉被。

6）种苗种植整理环节。草莓种苗在种植前必须经过人工再次选择，将种苗进行分级挑选。在挑选整理时，尽可能少造成伤口，尤其是基部伤口。

7）种植环节。种植时不要干旱缺水，也不能长时间大水漫灌，水淹后的草莓苗很容易产生红中柱根腐病。

8）植保环节。种植前用保护性药剂进行防护，缓苗后及时植保。

（2）红中柱根腐病的防治 红中柱根腐病急性和慢性萎蔫的发病高峰不同。一般急性萎蔫型是6～7月发病较强且持续至降雨后和

10月草莓覆盖地膜后；慢性萎蔫型发病高峰是11月开花结果初期及次年2月底换茬期。针对草莓不同的生长发育阶段、不同的危害程度，化学防治红中柱根腐病的措施不同，具体内容如下：

1）定植前要进行种苗消毒，一般可选用50%多菌灵400倍液浸泡种苗5～10min。

2）对于生长期发病的植株，可选用25%阿米西达3000倍液、70%代森锰锌500倍液交替喷施，或选用噁霉灵1200～1500倍液、甲霜噁霉灵1500～2000倍液灌根，7天左右防治1次，整个生育期使用3次。

对于危害严重的温室，可选用50%甲霜灵可湿性粉剂1000～1500倍液喷施或58%甲霜灵·锰锌灌根。对于红中柱根腐病危害严重的植株，可立即拔除，之后用30%杀毒矾500倍液消毒病穴，避免得病植株及病土二次侵染。

第三节　草莓栽培中常见的虫害

一　红蜘蛛

红蜘蛛对环境条件要求低，一般10℃以上开始活动，16℃时开始产卵，其孵化数量大、速度快，能世代交替为害，还可借风力及人员活动扩散传播，其扩散速度快，易大规模流行。红蜘蛛主要以刺吸汁液、吐丝、结网、产卵等方式为害。

【症状识别】　红蜘蛛主要为害草莓叶片、花器、果实及影响植株的整体长势。叶片受害时，发病初期，叶背面出现黄白色、灰白色小斑点，随着种群数量的增多，为害程度加强，叶片变成苍灰色，之后叶片黄化失绿，可见白色网，严重时叶片焦枯脱落（见彩图60）。

花器受害时，发病初期，花萼失绿、干枯，之后花器变褐干枯，严重时有白色网层。

果实受害时，幼果难膨大形成僵果；畸形果增多，成熟果实表层有白色网状物，失去商品价值。

除了器官危害以外，红蜘蛛还能影响草莓植株的整体长势，导致植株矮小，生长缓慢，严重时导致植株矮化早衰。

【发病原因】 高温、干旱是导致红蜘蛛发生及侵染的主要环境因素。

【防治措施】 红蜘蛛对环境需求低，繁殖能力强，一年能孵化12代，一次100只左右，能世代交替为害，容易产生抗药性，防治困难，应采取农业防治、生物防治、化学防治等多种措施综合防治。

（1）农业防治 选择良种壮苗，提高植株抗性，能从根本上减缓虫害的发生；根据红蜘蛛的侵染途径，可采取隔离措施，有效地控制棚室人员的进出及操作工具等；可加强水肥管理，培育壮苗，以提升抗性；加强田间管理，及时清理带虫枝叶，改善草莓种苗的生长环境，促进通风透光。

（2）生物防治 虫害发生初期，可利用捕食螨等天敌控制虫害群体数量。为保障防治效果，在释放捕食螨前尽量压低红蜘蛛种群数量。智利小植绥螨是防治草莓红蜘蛛最好最有效的天敌，1瓶智利小植绥螨至少可抵100包其他等量捕食螨。其速效性强，可与化学农药相媲美，仅捕食叶螨，叶螨消灭后其种群也不能存活，不伤害草莓植株。注意捕食螨应在傍晚释放，多云或阴天时可全天释放。

1）精准把握捕食螨的释放时间：

① 第1次释放时间：根据北京地区的草莓种植情况，建议有机草莓种植户在9月定植后1~2周至10月中期进行第1次释放；绿色草莓种植户在开花后1~2周，即化学农药残效期过后至11月中期进行第1次释放。

② 第2次释放时间：建议在次年1月末~2月中期再次释放，以适应春节期间市场对草莓产量和食品安全的高要求。

以上两次释放之间和第2次释放后根据田间红蜘蛛实际发生情况，可各增加一次使用。每季草莓总共释放2~4次。

2）捕食螨释放的注意事项：

① 最好每行都均匀撒播，通常靠近走廊的1.5m范围内叶螨发生较重，建议在此范围内多撒施些。初次使用建议选择大包装全棚撒施，再选用小包装进行局部均匀撒播。

② 发现局部智利小植绥螨多时，可人工将带有智利小植绥螨的老叶转移到红蜘蛛多的区域，提高利用效率。

③ 杀虫剂能够杀死智利小植绥螨，杀虫剂使用后需达到安全期后再使用智利小植绥螨。

（3）化学防治 红蜘蛛危害严重时，可选择化学药剂防治，一般可选用10%阿维菌素水分散粒剂8000～10000倍液或43%联苯肼酯悬浮液2000～3000倍液喷雾防治，7天左右防治1次，整个生育期使用3次。为保障草莓安全，避免农药残留，一般采收前15天停止喷药。

二 蓟马

蓟马喜温暖、干旱，生长的最适宜温度为23～28℃，最适宜湿度为40%～70%。一般雌性成虫主要进行孤雌生殖，偶有两性生殖，每次产卵22～35粒，若温度适宜，6～7天即可孵化。成虫能飞善跳，扩散速度快，防治困难。蓟马主要通过锉吸汁液造成危害。

【症状识别】 蓟马主要为害草莓叶片、花器及果实。叶片受害时，发病初期，叶片变薄，有黄色斑点，随着受害严重，叶片卷曲皱缩，长势弱（见彩图61）。

果实受害时，果实粗糙，顶端呈水锈状，幼果期危害严重时，果实难以膨大，呈褐色、僵死；成熟果实易出现木栓化，导致商品价值丧失（见彩图62）。

【发病原因】 高温、干旱是蓟马发生的主要因素。

【防治措施】 在草莓栽培过程中，蓟马有2个高发期。第1个发病高峰为11～12月，此时草莓进入开花坐果期，为防止落花和落果，农艺管理上一般减少浇水量，容易形成高温、干旱的小环境，促使蓟马的发生。第2个发病高峰为次年3～5月，此阶段温度逐渐升高，蒸腾量加大，种苗容易缺水干旱，而且为了降低棚温，打开下风口后，空气流通快，有利于害虫的传播。

（1）农业防治 及时清除病残花、病残果，有效控制蓟马种群数量；同时需加强肥水管理，提升草莓植株的抵抗力。

（2）物理防治 利用蓟马趋蓝色的习性，设置蓝板诱杀成虫。

（3）化学防治 一般防治蓟马可选用60%乙基多杀悬浮液3000～6000倍液或5%啶虫脒可湿性粉剂2500倍液喷雾防治。使用化学药剂防治蓟马的注意事项：

① 根据蓟马昼伏夜出的特性，下午用药的效果更佳。

② 为确保药效，尽量选择持效期长的药剂。

③ 为提升防治效果，可使用黏着剂，以增加药剂的附着量，延长防治时长。

④ 为避免蓟马产生抗药性，最好两种以上不同种类的药剂轮换施用。

⑤ 喷雾过程要全面细致，重点在植株中下部及地面等若虫栖息地。

小技巧

能够引起叶片皱缩的病虫害有缺钙症、缺硼症、皱缩病毒病、蓟马，正确辨识病虫害可以从以下几个方面进行，见表8-3。

表8-3 引起叶片皱缩的各种病虫害一览表

病虫害名称	对叶片的危害	叶脉变化	对花器的危害	对果实的危害
缺钙症	从叶顶端向下开始，严重时叶片全部皱缩	无明显变化	花蕾变褐，萼片焦枯	幼果变褐干枯，严重时形成僵果
缺硼症	叶尖内部生长点皱缩，叶片不同程度地上卷	叶脉失绿	花器变小	果实种子多出现木栓化
皱缩病毒病	叶片皱缩	叶脉褪绿，严重时呈透明状，产生不规则状褪绿斑及坏死斑	无明显症状	果实变小
蓟马	叶片卷曲皱缩，有黄色斑点	无明显变化	萼片背面有褐色斑，花瓣呈褐色水锈状	果实粗糙，顶端呈水锈状，果实难膨大

三 菜青虫

菜青虫也叫菜粉蝶，别名菜白蝶、白蝴蝶，其幼虫通称青虫，是北方十字花草莓上的主要害虫。近年来，菜青虫发生危害严重，主要是通过咬食叶片为害草莓植株；在化学防治过程中，易产生抗药性，造成防治困难。

【症状识别】 菜青虫主要为害草莓叶片，其受害症状为：叶肉被啃食，叶片表面留下一层透明表皮或叶片表面有明显孔洞、缺刻，严重时整个叶片只残留粗叶脉和叶柄，能造成草莓绝产（见彩图63）。

【发病原因】 菜青虫的大面积发生主要是由于温室周边广泛种植十字花科蔬菜引起的；并且其次高湿是菜青虫孵化及幼虫生长的适宜环境，并且其生长发育受温度影响，因此发生盛期以春秋两季为主。

【防治措施】

（1）农业防治 及时清除病残叶，控制虫口数量，降低种群密度，避免危害范围扩大；同时清洁园区及棚内杂草，减少菜青虫的繁殖场所，避免交互侵染。

（2）天敌防治 防治菜青虫可用广赤眼蜂、微红绒茧蜂等天敌防治。

（3）化学防治 化学药剂防治菜青虫一般可选用20%氰戊菊酯1500倍液+5.7%甲维盐2000倍液，或5%甲维盐·氯氰微乳剂1000～1500倍液，或苏云金杆菌16000国际单位/mg可湿性粉剂1200～2400倍液叶面喷施，7天左右防治1次，整个生育期使用3次。

注意采用化学药剂喷雾防治时，需要根据菜青虫的习性，早上或傍晚在植株叶片两面均匀喷药，此时防治效果更佳。

小技巧

（1）菜青虫防治小妙招

1）烧杀灭虫。田间撒施生石灰或草木灰，降低湿度不利于菜青虫活动，同时菜青虫爬过能导致失水死亡。

2）田间喷施弱碱性溶液，一般可选择氨水、碳酸氢铵100

倍液或洗衣粉水，一旦喷到虫体上就可杀死。

（2）正确判断菜青虫虫龄，开展有效防治　菜青虫是草莓定植后常见的一种虫害，其低龄幼虫由于虫口密度小、危害弱、抗药性差等因素具有更好的防治效果，因此正确判断菜青虫虫龄对其防治有重要意义。

四　蚜虫

危害草莓的蚜虫种类繁多，以常见的桃蚜和棉蚜为主，其繁殖力强，能世代重叠，交替为害。蚜虫除了其自身进行为害以外，还是传播病毒病的主要媒介，能导致病毒扩散，造成严重危害。

【症状识别】　蚜虫主要为害叶片、叶柄、花器、匍匐茎等幼嫩的组织，其中对芯叶、幼叶危害居多。叶片受害症状，发病初期，叶背面有黄色小斑点，之后叶片出现褪绿色的斑点，随着蚜虫种群数量增多，其分泌大量蜜露污染叶片，能引发霉污病，从而影响光合作用，为害严重时导致芯叶不能展开、成熟叶片卷缩变形（见彩图 64）。

【发病原因】　发病的主要原因是环境干旱，有利于虫口密度的增加。

【防治措施】　由于为害草莓的蚜虫种类较多，并且蚜虫的繁殖能力和适应能力强，所以各种防治方法都很难取得根治的效果。

（1）农业防治　加强田间管理，及时清除病残叶、老叶，降低蚜虫种群数量，减少蚜虫为害范围及程度，同时清除田间杂草，减少蚜虫交互侵染。

（2）物理防治　设置防虫网等设施，从源头降低种群数量。

（3）生物防治　利用七星瓢虫、食蚜蝇、寄生蜂等蚜虫天敌进行生物防治。

（4）化学防治　蚜虫防治最好采用“早治、小治”的原则，为确保药效，蚜虫最好在发生初期防治。

【提示】 引起叶片黄化的各种病虫害汇总见表8-4。

表8-4 引起叶片黄化的各种病虫害汇总

病虫害名称	病虫害种类	危害初期的叶片症状	危害严重时的叶片症状
缺铁症	生理性病害	幼叶失绿，叶片黄化呈斑驳状	新长出小叶白化 叶缘变褐干枯，出现坏死斑
缺镁症	生理性病害	老叶僵化卷翘，叶脉褪绿；随着危害程度加强，叶片黄化且呈斑驳状，后出现暗褐色病斑	叶缘黄化，变褐枯焦；暗褐色病斑发展为坏死斑
缺锌症	生理性病害	老叶变窄	新叶黄化，叶脉微红；老叶发红且叶缘呈明显锯齿状
缺铜症	生理性病害	幼叶呈均匀的浅绿色	新叶叶脉间失绿，出现花白斑
缺锰症	生理性病害	新叶黄化有网状叶脉和小圆点	叶脉暗绿，叶肉呈黄色；严重时叶片灼伤、叶缘上卷
缺硫症	生理性病害	叶片褪绿，转为浅绿色	整个叶片黄化
缺钼症	生理性病害	叶片褪绿黄化	叶片出现焦枯，叶缘卷曲
红中柱根腐病	真菌性病害	芯叶黄化、畸形	老叶呈紫红色萎蔫，植株早衰，迅速枯萎
红蜘蛛	虫害	叶背面出现黄白色、灰白色小斑点	叶片黄化失绿，可见白色网
蚜虫	虫害	叶背面有黄色小斑点，之后叶片出现褪绿色斑点	芯叶不能展开；成熟叶片卷缩变形

五 蛴螬

蛴螬是各种金龟子幼虫的统称，幼虫弯曲成C形。为害草莓的蛴螬种类很多。种植户施用未经腐熟的有机肥，由于蛴螬成虫对未经腐熟的有机肥有较强的趋性，因此肥中存有大量虫卵，进入栽培土壤中能大量繁殖且为害草莓。

【症状识别】 蛴螬主要为害幼根、新茎，造成植株死亡。

【防治措施】

（1）农业防治 施用有机肥前一定要充分发酵腐熟，利用高温杀死粪肥中的蛴螬和蛹，以减少成虫产卵，避免蛴螬大规模发生；连作地块一定要进行土壤消毒，以降低或消灭土壤中害虫的种群数量；合理轮作，能改善土壤环境。

（2）物理防治 可采用人工捕杀。可利用黑光灯诱杀；可利用成虫趋化性进行诱杀，一般诱杀剂可选择糖醋液或烂果混入少量敌百虫。

（3）化学防治 草莓定植前可用药剂处理有机肥，一般可选用5%辛硫磷颗粒剂处理草莓植株周围的土壤，每亩使用2kg施于地面后翻入土中即可。

六 蝼蛄

蝼蛄是杂食性很强的害虫，主要为害草莓根系及茎部，通过咬食幼芽、幼根，导致植株凋萎死亡。

【防治措施】 蝼蛄有2个为害高峰，第1个为害高峰是5月上旬~6月中旬，第2个为害高峰是9月~10月中旬。

（1）农业防治 合理轮作能减缓蝼蛄发生，效果最好的是草莓与水稻水旱轮作；定植前要深耕，施用腐熟的农家肥；有效的土壤消毒也能避免土传虫害的发生。

（2）毒饵诱杀 利用蝼蛄对香甜味的趋性可制毒饵诱杀。一般可将5kg麦麸或豆饼炒香，与90%敌百虫150g加水混匀，制成毒饵，撒施于草莓园，诱杀蝼蛄。

（3）化学防治 草莓生长季每亩可选用90%敌百虫200g，加水750kg，在垄沟内灌溉。

七 金针虫

在草莓生长期间，金针虫从根或地下茎上蛀洞或截断，在叶柄基部蛀洞甚至蛀入嫩芯。在草莓成熟季节贴近地面的果实上蛀洞，蛀洞外口圆或不规则，洞小而深，有时可蛀穿整个果实。

【防治措施】 金针虫以秋季为害为主，秋季气温降低，金针虫从深土层向上移动，到土壤表层为害。

（1）农业防治 农业防治方法如下：

1）清洁园区，消灭杂草，减少成虫的产卵场所及幼虫早期食物来源，从而降低金针虫种群数量。

2）果期防治。在果实和土壤之间增设填充物，能有效防止金针虫虫害。

（2）化学防治 生长期发生金针虫，可在种苗间挖小穴，将颗粒剂或毒土点入穴中立即覆盖，土壤干时也可用48%地蛆灵乳油2000倍液，开沟或挖穴点浇。

附　　录

附录A　草莓种苗地氯化苦土壤消毒操作规程

一　消毒前的土壤准备

1. 消毒前的土壤准备工作直接决定着土壤消毒质量的好坏

在整地前首先需要观测并记录消毒前1~2周的天气变化情况。这期间，确定没有飓风、暴雨、大雪等恶劣天气，空气温度、土壤温度达到要求的条件下，可以进行土壤消毒，否则均无法正常进行土壤消毒。其次要保证土地平整。连成片的田地必须保持土地的平整，旋耕前对不平整的地块要进行平整，做好挖高、填低。

2. 保持田间卫生

上茬作物收获结束后，要把植物病残体彻底清除，不能有杂草、残根、石块等杂物，这样有利于保证机械化消毒作业的顺利进行，同时可以提高消毒效果。

3. 合适的土壤湿度

土壤湿度以田间持水量50%~75%适宜（即手握成团，落地散开为宜），土壤湿度过大或过小都不利于消毒剂药效的发挥。

4. 合适的土壤温度

土表下15cm处的地温在15~20℃比较适宜。

5. 适时施肥

如果下茬作物栽种前需要施用有机肥，建议在旋耕前把这些腐熟的有机肥匀施到田间。

6. 充分旋耕

超过30亩的田块，旋耕的拖拉机建议大于70马力（1马力=735.499W），旋耕的次数不少于4遍，旋耕的深度不低于20cm，旋耕后的土壤必须做到无大量板结的土块，土壤处于平、匀、松、润状态。同时要求旋耕的田块无死角，确保所有的待消毒土地均要旋耕。旋耕的方向如图 A-1 所示。旋耕结束后要用耙把地彻底耙平，再次清理田间杂物、碎石块。

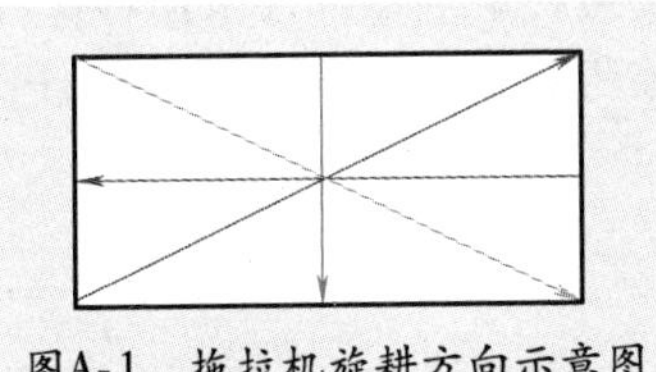

图A-1 拖拉机旋耕方向示意图

二 草莓种苗地土壤消毒作业

1. 草莓种苗地的土壤消毒应该与居民聚集区、学校等有一定的安全距离

为了保证氯化苦土壤消毒的效果、减少消毒剂对周围环境的影响，草莓种苗地的氯化苦消毒需要覆盖塑料薄膜，必须使用新膜，膜的厚度不小于0.04mm。条件允许的情况下推荐使用完全不渗透的TIF 膜覆盖，可以减少土壤消毒剂的散失，保证更好的土壤消毒效果。草莓种苗地使用氯化苦消毒用量为25～35kg/亩。

2. 田间施药操作要专业化

草莓种苗地使用氯化苦进行土壤消毒必须由专业的土壤消毒技术人员进行，其他人不得进行氯化苦的田间消毒作业。

3. 消毒设备专业化和多样化

根据草莓种苗地的不同大小和作业条件的差异有多样的、专业的土壤消毒设备选择。

(1) 一条手动式土壤消毒机（见图 A-2） 一条手动式土壤消毒机主要由扶手、施药泵、阀门、手柄螺母调节器、镇压件、注射枪头、导液管、储液瓶及背负带等零部件构成，其中施药泵采用隔膜泵，施药操作时通过压动扶手使施药泵泵体内部发生容积变化，从而实现对药剂的吸入和排放。该设备需要手动进行操作，体积小、操作灵活、使用方便，适用于小型地块、基质栽培种苗地、不规则地块、分小区实验地块及机动施药设备消毒不到的死角地块的土壤消毒作业。

（2）两条管理机用土壤消毒机（见图 A-3） 两条管理机用土壤消毒机需外接田园管理机作为动力来源，操作简单、灵活，使用方便，适用于日光温室、大棚、中小型地块的土壤消毒作业。本设备气密性好，与药剂直接接触的零部件采用特殊材料制取，耐蚀性及耐久性更强，同时施药泵采用防止隔膜变形的构造，性能更加稳定、安全、可靠。

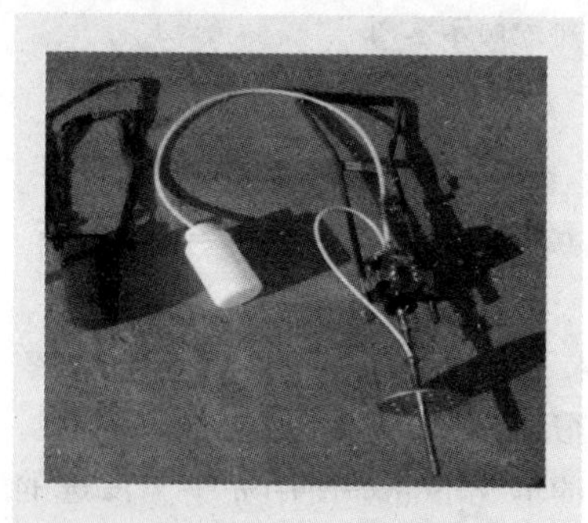

图 A-2 一条手动式土壤消毒机

图 A-3 两条管理机用土壤消毒机

（3）六条管理机用土壤消毒机（见图 A-4） 六条管理机用土壤消毒机外接大、中型拖拉机使用，采用防变形结构的隔膜泵，流量稳定，耐久性强。带有 6 条施药刀，施药幅宽为 1.8m，相比两条管理机用土壤消毒机施药效率增加 3 倍以上，适用于如大姜种植地、草莓种苗地等开阔型地块的土壤消毒作业。

图 A-4 六条管理机用土壤消毒机

(4) 施药覆膜一体土壤消毒机（见图 A-5） 施药覆膜一体土壤消毒机能够实现施药、覆膜的一体操作，边施药边覆膜，大大降低了在施药过程当中药剂的损失，提高了药剂的利用率；同时，施药覆膜一体土壤消毒机无须人工进行覆膜处理，大大降低了劳动强度，节约了人力投入成本。

图 A-5 施药覆膜一体土壤消毒机

4. 消毒作业

根据草莓种苗地的不同土壤类型、面积、地理条件选择合适的土壤消毒设备进行消毒作业。基质栽培种苗地可以选择一条手动式土壤消毒机进行消毒；冷棚培育的草莓种苗地土壤消毒可以选两条悬挂式土壤消毒机进行；开阔地、大地块草莓种苗地消毒可以选用六条管理机用土壤消毒机或施药覆膜一体土壤消毒机进行作业。不同型号的土壤消毒设备的田间作业如图 A-6 所示。

图 A-6 不同型号的土壤消毒设备的田间作业

消毒作业过程中操作人员应在上风口操作，全程穿专业的防护服装，佩戴全面罩式防毒面具和防化学腐蚀的手套。

5. 覆膜

氯化苦施药结束后要马上覆盖塑料薄膜。薄膜覆盖时要做到全田覆盖，不留死角。薄膜的四周用土埋严实，不漏气。如果田间薄膜需要拼接，拼接处的薄膜采用“反埋”技术进行，需要确保消毒结束后薄膜上没有土壤暴露。“反埋”技术示范如图 A-7 所示。

图 A-7　土壤消毒薄膜覆盖“反埋”技术示范

三　密闭消毒期间的安全巡视

1. 覆膜时间充足、薄膜不漏气，土壤消毒效果好

地温为 15～25℃时，覆盖 7～10 天；地温为 6～15℃时，覆盖 14 天。薄膜覆盖期间，应由专人负责定期检查密封薄膜是否有破损开口；如有破损开口，应及时进行粘补，防止药剂产生的蒸汽外泄。如遇大风等恶劣天气，应立即前去检查薄膜密闭情况，并进行相关处理。

2. 土壤消毒地块做好安全警示标识（见图 A-8），保证人员和牲畜的安全

土壤消毒期间，严禁无关人员进入消毒区域。消毒期间应该在消毒田地四周树立安全警示标语，条件允许应设置安全隔离带，严禁杜绝无关人员或牲畜靠近造成薄膜的破损引起的不必要的伤害。

四　揭膜敞气

1. 按时揭膜敞气，保证人员安全

在达到覆盖所要求的时间后，进行揭膜敞气。揭膜敞气选择天气

图 A-8　土壤消毒地块的安全警示标识

较好的早上进行。揭膜敞气时可使用铁锹等工具将塑料薄膜割破，保持通风 2h 以上，然后用手将薄膜扯开移出。人工揭膜如遇刮风，人员应在上风口进行操作，避免残留气体的伤害。敞气过程中要避免把没消毒的土壤混杂在已消毒的土壤中，以防止人为的后期污染。

2. 敞气时间要充足，避免药害的发生

敞气时间通常为 7～14 天。根据土壤消毒期间天气、气温、地温、土壤质地的不同合理安排敞气时间。气温偏低、高有机质土壤/基质及黏土条件下适当延长敞气时间，气温偏高、沙土条件下可以适当缩短敞气时间。

五　安全试验

1. 草莓定植前进行小苗安全“残留检测”，以免产生药害

揭膜后，进行翻地排气。若仍有刺激性气味，须视情况延长敞气时间，直至无刺激性气味。然后，采用萝卜苗等敏感作物进行定植前的安全测试，具体测试方法为：将事先繁育的萝卜苗分别栽种在已消毒过的土壤和未经过消毒处理的对照土壤里，并适时浇水。2～3 天后与对照土壤中的小苗比较，消毒处理的土壤中小苗死亡，则存在药剂残留；若与对照土壤中的小苗比较，消毒处理的土壤中小苗生长正常，则无药剂残留。确保测试无药剂残留后，方可进行定植。

2. 使用无毒、无菌种苗，避免与未消毒田块交叉感染

土壤消毒后，要使用无病、无毒种苗，建议苗床进行消毒。进

行土壤消毒的田块与未进行土壤消毒的田块要做好隔离，以避免“交叉感染”，农事操作过程中也要注意病原菌的交叉感染。

附录B 北京市昌平区草莓地块土壤养分分级标准与施肥建议

不同肥力的耕地土壤养分指标含量见表B-1。

表B-1 不同肥力的耕地土壤养分指标含量

养分级别	耕地土壤养分指标含量分级				
	有机质/(g/kg)	碱解氮(N)/(mg/kg)	有效磷(P)/(mg/kg)	速效钾(K)/(mg/kg)	施肥建议
高肥力	≥30	≥150	≥150	≥240	底肥无效，苗期易发生肥害；作为底肥的有机肥与复合肥（专用肥）应减量，甚至可以不施化肥；追肥按常规进行
中肥力	20～30	100～150	50～150	120～240	底肥有效，底肥按常规数量施肥；按常规追肥
低肥力	<20	<100	<50	<120	底肥有效，底肥适当增加有机肥的施肥数量；按常规追肥

（1）高肥力 施肥基本无效，易发生肥害。基肥施有机肥：50m×8m标准棚0.75t（1.25t/亩），减少或不施化肥，中后期常规追肥。测土补充较低的元素，平衡施用氮、磷、钾。监测EC值，防治次生盐渍化发生。

（2）中肥力 施肥有效，常规追肥，测土补充较低的元素，平衡施用氮、磷、钾。基肥施有机肥：50m×8m标准棚1t（1.8t/亩）。无机肥：N、P_2O_5、K_2O含量均为15%的三元复合肥，50m×8m标准棚10kg/棚（15kg/亩），常规追肥。

（3）低肥力 施肥有效。施有机肥：50m×8m标准棚2t（3.3t/

亩)。无机肥：N、P_2O_5、K_2O 含量均为 15% 的三元复合肥 15kg/棚 (25kg/亩)，常规追肥。

如果速效磷为高肥力，应施用低磷配方的复合肥（专用肥)。有机肥应降低鸡粪的比例，改为以牛粪为主。

如果速效磷处于低肥力，可增加普钙 25～50kg/棚。

如果有效钾处于低肥力，可增加硫酸钾肥 5～10kg/棚。

种植户可参考上述施肥方案自主决定底肥、追肥的品种与数量。

附录 C　常见计量单位名称与符号对照表

表 C-1　常见计量单位名称与符号对照表

量的名称	单位名称	单位符号
长度	千米	km
	米	m
	厘米	cm
	毫米	mm
	微米	μm
面积	公顷	ha
	平方千米（平方公里）	km^2
	平方米	m^2
体积	立方米	m^3
	升	L
	毫升	mL
质量	吨	t
	千克（公斤）	kg
	克	g
	毫克	mg
物质的量	摩尔	mol
时间	小时	h
	分	min
	秒	s
温度	摄氏度	℃

（续）

量的名称	单位名称	单位符号
平面角	度	(°)
能量，热量	兆焦	MJ
	千焦	kJ
	焦［耳］	J
功率	瓦［特］	W
	千瓦［特］	kW
电压	伏［特］	V
压力，压强	帕［斯卡］	Pa
电流	安［培］	A

参考文献

[1] 颜冬冬. 熏蒸剂对土壤氮素转化的影响［D］. 北京：中国农业科学院，2010.

[2] 陈云峰，曹志平，于永莉. 甲基溴替代技术对番茄温室土壤养分及微生物量碳的影响［J］. 中国生态农业学报，2007，15（5）：42-45.

[3] 马扶林，宋理明，王建民. 土壤微量元素的研究概述［J］. 青海科技，2009（3）：32-36.

[4] 张云涛，王桂霞，董静，等. 草莓优良品种甜查理及其栽培技术［J］. 中国果实，2006（1）：22-24.

[5] 焦瑞莲. 日光温室无公害高产栽培技术［J］. 果农之友，2006（11）：23.

[6] 童英富，郑永利. 草莓主要病虫害及其综合治理技术［J］. 安徽农学通报，2006，1（2）：89-90.

[7] 朱淑梅. 日光温室草莓无公害高产栽培技术［J］. 河北果树，2006（6）：35.

[8] 张秀刚. 草莓基础生理及栽培［M］. 北京：中国林业出版社，1993.

[9] 辛贺明，张喜焕. 草莓优良品种及无公害栽培技术［M］. 北京：中国农业出版社，2003.

[10] 陈贵林. 大棚日光温室草莓栽培技术［M］. 北京：金盾出版社，1998.

[11] 张志宏. 草莓棚室高效栽培关键技术［M］. 北京：金盾出版社，2006.

[12] 尚雁红. 保护地草莓畸形果的成因及防治措施［J］. 中国果菜，2006（5）：37.

[13] 孙玉东，徐冉. 草莓脱毒苗繁育技术规程［J］. 河北农业科学，2007（2）：20-22.

[14] 唐梁楠. 草莓优质高产新技术［M］. 北京：金盾出版社，2009.

[15] 万树青. 生物农药及使用技术［M］. 北京：金盾出版社，2003.

[16] 辛贺明，张喜焕. 草莓生产关键技术百问百答［M］. 北京：中国农业出版社，2005.

[17] 何水涛. 优质高档草莓生产技术［M］. 郑州：中原农民出版社，2003.

[18] 王中和. 草莓保护地栽培新技术［M］. 济南：山东科学技术出版社，1999.

[19] 张云涛，等. 草莓研究进展［M］. 北京：中国农业出版社，2002.

[20] 郝保春，等. 草莓生产技术大全［M］. 北京：中国农业出版社，2000.

[21] 张伟，等. 草莓标准化生产全面细解［M］. 北京：中国农业出版社，2010.

[22] 四川省农业厅. DB51/T 829—2008　草莓促成栽培生产技术规程［S］. 北京：中国标准出版社，2008.

[23] 中华人民共和国国家质量监督检验检疫总局. GB/T 18406.2—2001　农产品安全质量　无公害水果安全要求［S］. 北京：中国标准出版社，2001.

[24] 中华人民共和国国家质量监督检验检疫总局. GB/T 18407.2—2001　农产品安全质量　无公害水果产地环境要求［S］. 北京：中国标准出版社，2001.

[26] 中华人民共和国农业部. NY 5105—2002　无公害食品　草莓生产技术规程［S］. 北京：中国标准出版社，2012.

[27] 中华人民共和国农业部. NY/T 5010—2016　无公害农产品　种植业产地环境条件［S］. 北京：中国农业出版社，2014.

[28] 农业部农产品质量安全监管局. NY/T 391—2013　绿色食品　产地环境质量［S］. 北京：中国农业出版社，2014.

[29] 农业部农产品质量安全监管局. NY/T 393—2013　绿色食品　农药使用准则［S］. 北京：中国农业出版社，2014.

ISBN：978-7-111-46165-4

定价：25.00 元

ISBN：978-7-111-52723-7

定价：39.80 元

ISBN：978-7-111-49264-1

定价：35.00 元

ISBN：978-7-111-54231-5

定价：29.80 元

ISBN：978-7-111-47926-0

定价：25.00 元

ISBN：978-7-111-49513-0

定价：25.00 元

ISBN：978-7-111-50503-7

定价：25.00 元

ISBN：978-7-111-47685-6

定价：25.00 元

ISBN：978-7-111-47947-5

定价：29.80 元

ISBN：978-7-111-49603-8

定价：29.80 元